W0232986

Die Trainer der neuen Generation

Frank O. Reiss (Herausgeber)

Trainer der neuen Generation

Frank O. Reiss
(Herausgeber)

Die
Trainer
der neuen
Generation

Bibliografische Informationen der Deutschen Nationalbibliothek: Die Deutsche Nationalbibliothek verzeichnet diese Publikation der Deutschen Nationalbiografie – detaillierte bibliografische Daten über www.d-nb.de im Internet abrufbar.

Das Werk, einschließlich aller seiner Teile, ist urheberrechtlich geschützt. Jede Verwertung außerhalb des Urhebergesetzes ist ohne Zustimmung des Verlages unzulässig und strafbar. Das gilt im Besonderen für Vervielfältigungen, Übersetzungen, Mikroverfilmungen und die Einspeicherung und Verarbeitung in elektronische Systeme. Es ist deshalb nicht gestattet, Abbildungen und Texte zu verändern oder zu manipulieren. Auch die Weitergabe an Dritte ist ohne Zustimmung des Verlages nicht erlaubt.

Alle Rechenbeispiele, Informationen, Anregungen und Tipps in diesem Buch basieren auf den Erkenntnissen sowie der Gesetzeslage zum Zeitpunkt der Drucklegung und wurden mit der größtmöglichen Sorgfalt zusammengestellt. Dabei wurde darauf geachtet, dass die gewählten Beispiele allgemein übertragbar sind. Trotz aller Sorgfalt sind Fehler jedoch nicht ganz auszuschließen. Weil sich in Einzelfällen und durch Änderungen von Gesetzen und Vorschriften eventuell andere Umstände ergeben können, ist jedoch eine Haftung von Verlag und Autor für Vermögensschäden aus der Anwendung der hier erteilten Ratschläge ausgeschlossen. Auch können Autor und Verlag weder eine Garantie noch irgendeine Haftung für Personen-, Sach- oder Vermögensschäden, die auf fehlerhafte Angaben in dieser Lehreinheit zurückzuführen sind, übernehmen.

Die UrheberInnen der in diesem Buch enthaltenen Sprüche, Zitate und Aphorismen sind genannt. Fehlen sie, dann waren sie nicht eindeutig feststellbar. Das gilt auch für Spruchweisheiten aus dem Volksmund und für Neuformulierungen alter oder zu langer Sprüche.

Die Wiedergabe von Gebrauchsnamen, Handelsnamen, Warenbezeichnungen usw. in diesem Buch berechtigt auch ohne besondere Kennzeichnung nicht zu der Annahme, dass solche Namen im Sinne der Warenzeichen- und Markenschutz-Gesetzgebung als frei zu betrachten wären und daher von jedermann benutzt werden dürften.

Alle Rechte vorbehalten. Nachdruck – auch auszugsweise – nur mit Genehmigung des Verlages.

Impressum

Herausgeber: Frank O. Reiss
Autoren: Gemäß Inhaltsverzeichnis
Verlag: Moneylive e. K.
www.moneylive.de

ISBN-Nr. 978-3-934784-32-1
1. Auflage
© 2013; Frank O. Reiss

„Es gibt zwei Möglichkeiten, Karriere zu machen: Entweder leistet man wirklich etwas, oder man behauptet, etwas zu leisten. Ich rate zur ersten Methode, denn hier ist die Konkurrenz bei weitem nicht so groß."

Danny Kaye (1913-1987)

Inhaltsverzeichnis

Vorwort
Jürgen Höller

Lieber Leser,
liebe Leserin,

ich kenne Frank O. Reiss seit mehreren Jahren. Sein Lebensweg hat mich
von der ersten Minute an fasziniert.
Als er vor einigen Jahren als junger,
ehrgeiziger, wissbegieriger Mann in
meine Seminare kam, erkannte ich sofort sein enormes Potential. Dass ich
ihm dann mit den Inhalten meiner
Seminare derart helfen konnte, dass er
mittlerweile ein eigenes Makler-
Unternehmen für „Weiterbildungs-
produkte" aufgebaut hat, erfüllt mich
mit Stolz. Es ist auch eine Bestäti-
gung, wie die „Gesetze des Lebens"
funktionieren.

Als mich Frank darum bat, ein Vorwort für sein erstes Buch zu
schreiben, fühlte ich mich geehrt und stolz zugleich. Gern komme
ich seinem Wunsch nach. Schließlich ist Frank ein Mann der Praxis
und kein Theoretiker. Er würde nie eine Empfehlung aussprechen,
ohne sich vom Inhalt persönlich überzeugt zu haben. Frank O. Reiss
lebt das bekannte Sprichwort: „Ein Mann, ein Wort". Nicht nur das
macht ihn so sympathisch, sondern auch seine menschliche Art.

Diese Eigenschaften und meine Seminare, in denen er häufig Gast
war, zahlten sich aus. Frank ist das lebendige Beispiel, dass die Investition in sich selbst noch immer die beste „Kapitalanlage" der
Welt ist. Nirgendwo gibt es bessere Renditen.

Aus meiner Sicht ist er die Nummer 1, wenn es um das richtige Weiterbildungsangebot geht. Frank, der Spezialmakler in einem Nischenmarkt, hat sich einen Namen gemacht, der für Vertrauen und Zuverlässigkeit steht. Dass ich ihn auf diesem Weg begleiten durfte, erfüllt mich mit Stolz. Zeigt es doch auch, dass jeder seine Ziele erreichen kann, wenn er zum einen weiß, was er will, und zum anderen sich in Beharrlichkeit übt. Schließlich ist noch nie ein Meister vom Himmel gefallen. Meister werden gemacht, nicht geboren. Frank O. Reiss beweist das eindrucksvoll.

Überlassen Sie in Sachen Weiterbildung nichts mehr dem Zufall, sondern sprechen Sie vor Ihrer Entscheidung für ein Coaching mit Frank O. Reiss, der dem Berufsstand des Maklers alle Ehre macht. Er hat ihn, den Überblick über einen schier unübersichtlichen Markt für Weiterbildung. Als Makler kennt er nicht nur die besten Bedingungen, sondern er kann Ihnen zum besten Preis-Leistungs-Verhältnis ein maßgeschneidertes Angebot unterbrieten.

Vor Ihnen liegt ein sehr interessantes Buch, dass in dieser Form einzigartig ist. Lesen Sie es bitte gewissenhaft durch, es wird Ihnen viele neue Eindrücke vermitteln, so wie mein Buch „Immer wieder aufstehen", das ich Ihnen gern kostenlos und unverbindlich als E-Book schenken möchte. Klicken Sie bitte auf diesen Link und Sie sind in wenigen Minuten im Besitz eines weiteren Buches, ohne dafür einen Cent zusätzlich zahlen zu müssen.

http://frankreiss.und-immer-wieder-aufstehen.de/

Dieses Buch, ursprünglich 240 Seiten stark, wurde bis 2011 im Buchhandel für 19.95 EUR verkauft. Im letzten Jahr habe ich mich entschlossen, es kostenfrei allen Lesern übers Internet zugänglich zu machen. In diesem Buch beschreibe ich einen Zeitabschnitt meines Lebens, in dem ich (fast) ganz hoch stieg und alles verlor, was ein Mensch verlieren kann. Trotz der Umstände gab ich nie auf. Mit Ehrgeiz, Geduld und Wissen, das Sie auch von Frank O. Reiss in diesem Buch bekommen, startete ich neu durch. In wenigen Jahren war ich wieder dort oben - an der Spitze! Ich bin davon überzeugt, dass Ihnen mein Buch wichtige Impulse liefern wird.

Es wird Sie fesseln, so wie ein spannender Krimi. Sie lernen nicht nur - Sie werden berührt und begeistert sein.

Ich wünsche Ihnen weiterhin viel Erfolg. Verlieren Sie keine Zeit mehr. Starten Sie jetzt mit dem Lesen des Buches, das Sie bereits in der Hand halten.
Meine besten Wünsche begleiten Sie.

Ihr Jürgen Höller

Vorwort
des Herausgebers Frank Reiss

„Zahlen beweisen...", sagen die Physiker. Ich ergänze: „...so sie denn vorliegen." In meiner Branche mangelt es an statistischem Zahlenmaterial, doch bin ich mir sicher, dass die Zahl der Lernenden, die das Erlernte sofort umsetzen, weitaus geringer ist als die der „Verweigerer". An der Bereitschaft, sich Wissen anzueignen, mangelt es nicht, wohl aber an der Umsetzung des Erlernten. Zu den „Verweigerern" gehören Sie nicht. Dann hätten Sie wohl kaum zu diesem Buch gegriffen. Dabei handeln die Betroffenen nicht einmal mutwillig, sondern unbewusst. Sie haben sich durch Dutzende von Büchern gelesen und dabei viele neue Einsichten gewonnen. Doch am Ende der Lektüre fragen sie sich: „Schön geschrieben, super verständlich und tolle neue Einsichten – aber wie kann ich das nun für mich nutzen?"

Diese Frage drückt ihre Hilflosigkeit aus, weil sie nicht verstanden haben, dass es immer darum geht, das Erlernte Schritt für Schritt umzusetzen und nicht im Hau-Ruck-Verfahren alles zu wollen. Doch sind sie so vom Ehrgeiz gepackt, alles aus den Büchern anzuwenden, dass sie so den sprichwörtlichen Wald vor lauter Bäumen nicht sehen. Sie verhalten sich wie ein Jäger, der eine breit streuende Schrotflinte einsetzt, in der Hoffnung, eine der vielen Kugeln möge irgendeinen Hasen schon treffen. Statt sich mit nur einer Kugel auf die Lauer zu legen und den Hasen (Tierschützer mögen mir diese Metapher nachsehen) ins Visier zu nehmen, schießt er „ins Blaue".

Als Spezialmakler für Weiterbildung ist es mir eine Herzensangelegenheit, dass Sie zum einen einfacher und schneller „den" passenden

Trainer „finden" und zum anderen, dass Sie schneller in die „Umsetzung" des Erlernten kommen. Dieses Buch soll hierzu einen kleinen Teil beitragen. Ergänzend empfehle ich die Umsetzung dessen, was Sie hier erfahren werden. Aber eben nur Schritt für Schritt. Definieren Sie zunächst nur ein Ziel(!), das Sie nun in den Alltagsablauf „integrieren".

Das wird am Anfang nicht immer leicht sein. Wie sollte es auch? Alles im Leben beginnt zunächst von klein auf. Ein Steppke, der soeben das Fahrradfahren gelernt hat, nimmt sich für den nächsten Tag ja auch nicht die Teilnahme an der Tour de France vor. Er braucht Übung über Jahre, um dieses ehrgeizige Ziel zu erreichen. Das Ziel ist nicht nur die Teilnahme, sondern auch das Siegen. Und genau dafür braucht es die Vorbereitung und damit ein ständiges Trainieren, so lange, bis das Erlernte in Fleisch und Blut übergegangen ist und man sich so dem Wettbewerb stellen kann.

Mit dem Lernen und der geistigen Disziplin verhält es sich ähnlich. Fehlt es an Letzterer, dann fehlt es an allem. Menschen scheitern nicht an den Aufgaben und Herausforderungen, sondern schlichtweg an der fehlenden Geduld und an der Disziplin. Treffend drückte es der US-amerikanische Schriftsteller Truman Capote (1924-84) aus:

„Disziplin ist der wichtigste Teil des Erfolgs."

Diese Disziplin wünsche ich Ihnen im Umgang mit allem, insbesondere beim Wissenstraining.

Es grüßt Sie herzlich
Frank O. Reiss

Geleitwort
Stéphane Etrillard

Bekanntlich sind es vielfach die Details, die über den unternehmerischen Erfolg entscheiden. Das betrifft Unternehmen aller Branchen und auch alle, die diesen Unternehmen ihre Dienste als Trainer und Berater anbieten. Sowohl die Unternehmen und ihre Mitarbeiter als auch Trainer können rückblickend feststellen, dass sich in den vergangenen Jahren einiges geändert hat – zwar hat sich längst nicht immer alles geändert, doch die vielen Veränderungen im Detail stellen letztlich doch die gesamte Unternehmenswelt vor neue Herausforderungen.

Entscheidend hierbei ist es, die vielfältigen Aufgaben, vor die uns die sich im Wandel befindende Wirklichkeit immer wieder stellt, erfolgreich zu meistern. Dabei misst sich Erfolg inzwischen immer stärker auch daran, in welchem Maße jeder für sich das eigene Potential umsetzt und eigene Ziele verwirklicht. Das gilt für den Einzelnen ebenso wie für das gesamte Unternehmen.

Die Aufgabe eines Trainers ist es nun, solchen Entwicklungen einen Schritt voraus zu sein, die Notwendigkeit von Veränderungen frühzeitig zu erkennen, die richtigen Antworten zu finden und sie geschickt in die eigene Arbeit einzubinden. Nur so können Trainer große und kleine Veränderungsprozesse erfolgreich begleiten. Diese Gedanken hatte ich vor nunmehr beinahe zehn Jahren, was mich damals veranlasste, den Begriff „Trainer der neuen Generation" zu prägen und ihnen zugleich eine Plattform zu bieten.

Mir lag und liegt besonders am Herzen, als Trainer neue Impulse in die Geschäftswelt zu bringen und Unternehmen frühzeitig fit zu machen für die Anforderungen der Gegenwart und der Zukunft. Dafür braucht es einen wachen Blick für neue Entwicklungen und reichlich Praxiserfahrung. Der vorliegende Band beweist, dass die neue Generation angekommen und in der Lage ist, Unternehmen mit neuen, wenn nötig auch unorthodoxen Impulsen zu versorgen und die Probleme der modernen Geschäftswelt ideenreich zu lösen. Nebenbei bemerkt: Auf das Lebensalter kommt es nicht im Geringsten an – ein Trainer der neuen Generation zu sein, betrifft vielmehr Fragen der inneren Einstellung und erfordert die Bereitschaft, Veränderungen zu akzeptieren und Antworten auf ständig neue Fragestellungen zu finden.

Weiche Faktoren sind oft eine harte Nuss.

Zu den wesentlichen Veränderungen der vergangenen Jahre zählt die ständig steigende Bedeutung der sogenannten Soft Skills. Doch in der Praxis erweisen sich gerade die vermeintlich „weichen" Faktoren für viele immer wieder als harte Nuss, an der schon viele Geschäftsbeziehungen gescheitert sind. Für jede Führungskraft ist es heute unerlässlich, die eigenen Kompetenzen aus dem Bereich der letztlich alles andere als weichen Faktoren auszubauen und in der Praxis gezielt einzusetzen. Denn wer genauer hinsieht, erkennt schnell, dass rund 80 Prozent der Führungsarbeit aus Kommunikation besteht. Obendrein hängt das Betriebs- und Arbeitsklima – und damit die Leistungsfähigkeit – im gesamten Unternehmen davon ab, was für ein Umgangston herrscht. Defizite in diesem Bereich können den Verantwortlichen heute teuer zu stehen kommen.

Wie professionell die Aufgaben im Betrieb erledigt werden, hängt wesentlich vom Kommunikationsverhalten der Führungskraft ab. Das gilt besonders in Zeiten des Hochbetriebs, wenn Termindruck herrscht, unerwartete Ereignisse dazwischenkommen oder Fehler auftreten. Vor allem in heiklen Situationen kommt es auf den richtigen Tonfall und die passenden Worte an. Denn statt unbedacht oder mit der Brechstange vorzugehen, ist es weitaus effektiver und letztlich auch ökonomischer, die eigene Kommunikation weitsichtig und mit diplomatischem Geschick einzusetzen. Das erfordert etwas Übung, wird sich jedoch schon bald rentieren. Denn Konflikte resultieren in den meisten Fällen letztlich nicht aus einem unerfreulichen Vorfall – vielmehr ist es die nachfolgende Kommunikation, die entscheidet, ob das Ganze in destruktiven oder konstruktiven Bahnen verläuft.

Persönlichkeiten sind gefragt

Ob wir es wollen oder nicht: In der Kommunikation eines Menschen zeigt sich seine Persönlichkeit. Der Kommunikationsstil einer Person sagt also sehr viel darüber aus, wer diese Person ist. Und niemand wird einem Menschen ein souveränes Auftreten attestieren, wenn seine kommunikativen Fähigkeiten bescheiden sind. Wir werden nun einmal zu großen Teilen anhand unseres Verhaltens im Gespräch beurteilt – auch und gerade im geschäftlichen Bereich, wo meist sehr genau darauf geachtet wird, was und wie unser Gegenüber etwas sagt. Das heißt, wer seine kommunikativen Fähigkeiten bewusst einsetzt und weiter ausbaut, wird so nicht nur seine Gesprächsziele leichter erreichen, sondern zugleich seine Reputation verbessern. Beides ist sehr viel wert.
Denn der Erfolgreichste ist längst nicht immer der fachlich Beste oder Qualifizierteste. Was letztlich zählt, ist vielfach das Bild, das sich andere Menschen von uns machen. Das gilt insbesondere für Führungskräfte, die eine exponierte Position einnehmen und dabei ihr Unternehmen repräsentieren – und ebenfalls für jeden Mitarbeiter, der noch einige Stufen auf der Karriereleiter erklimmen will. In allen Fällen entscheidet das Bild, unser Image, mit darüber, wie wir von unserer Umwelt wahrgenommen werden und welche Türen uns geöffnet werden oder verschlossen bleiben.

Souveräne Persönlichkeiten stehen hoch im Kurs

Gerade in Krisenzeiten, die durch immer schnellere Veränderungen geprägt sind, herrscht eine gewisse Sehnsucht nach Persönlichkeiten, die ebenso verlässlich wie glaubwürdig, ebenso so entschlossen wie einfühlsam, ebenso bodenständig wie ambitioniert sind. Kurz, souveräne Persönlichkeiten stehen hoch im Kurs. Oder andersherum: Ein Manko, das vielen Menschen bei der täglichen Arbeit und auf ihrer persönlichen Erfolgsroute zu schaffen macht, ist ein ungeschicktes persönliches Auftreten, das spätestens in schwierigeren zwischenmenschlichen Situationen zur Belastung wird. Wem die nötige Souveränität im Kontakt und im Dialog mit Kunden, Kollegen und Mitarbeitern fehlt, wird an diesen Stellen kaum eine positive Wirkung erzielen. Die Folgen sind geringe Akzeptanz, fehlendes Durchsetzungsvermögen und wenig Anerkennung bis hin zur Unbeliebtheit.

Die Wirkung der eigenen Persönlichkeit, der souveräne Auftritt und der gekonnte Umgang mit heiklen zwischenmenschlichen Situationen sind heute von größter Bedeutung. Doch wird diesen Faktoren vielfach noch immer zu wenig Aufmerksamkeit geschenkt. Viele Menschen sind sich ihrer persönlichen Wirkung oder sogar der eigenen Persönlichkeit oft nicht einmal bewusst. Und wer sich selbst und seine Wirkung auf Kunden, Mitarbeiter oder Kollegen nicht einschätzen kann, wird auch nicht in der Lage sein, das interne Geschehen weitsichtig zu beeinflussen und unter Kontrolle zu behalten. Deshalb ist es für die Trainer der neuen Generation eine wichtige Aufgabe, ihren Klienten das entsprechende Bewusstsein und die hohe Bedeutung der „weichen" Faktoren zu vermitteln und sie dabei zu unterstützen, sich die erforderlichen Fähigkeiten anzueignen. Ein Teil der Arbeit wird auch darin bestehen, Vorurteile aufseiten der Klienten abzubauen.

So ist es beispielsweise nicht immer ganz einfach, einen erfahrenen Manager davon zu überzeugen, dass sein Unternehmen außerordentlich davon profitiert, wenn er mehr Einfühlungsvermögen an den Tag legt. Wir wissen, dass das wesentliche Ziel der Kommunikation – zumal im Unternehmen – das gegenseitige Verstehen ist. Und mittels praktizierter Empathie lässt sich jede Verständigung effektiver und reibungsloser gestalten, weil wir viel schneller auf das Wesentliche einer Sache kommen können, ohne uns in Missverständnissen, Fehlinterpretationen und Nebensächlichkeiten zu verlieren. Wer als Führungskraft sein Einfühlungsvermögen bewusst einsetzt, agiert schlicht und einfach effizienter und wird zugleich als souveräne Persönlichkeit wahrgenommen.

Unsere Aufgabe als Trainer ist es in solchen Fällen, unseren Klienten aus der Reserve zu locken und ihm eine neue Sichtweise anzubieten – zum Vorteil seines Unternehmens und zu seinem eigenen Vorteil. Wenn uns das gelungen ist, bringen wir neue Impulse in die Unternehmen, von denen alle Beteiligten profitieren.
Die Beiträge, der in diesem Band versammelten Trainergeneration zeigen, welche Spannbreite an Themen und Strategien uns zur Verfügung stehen, um Unternehmen auf ihrem erfolgreichen Weg in die Zukunft zu unterstützen.

Jetzt haben die Trainer der neuen Generation das Wort.

Herzlichst

Ihr
Stéphane Etrillard

aik Hensel

er perfekte Handschlag drückt
infach mehr aus…

Maik Hensel
Der perfekte Handschlag drückt einfach mehr aus...

*„Liebe auf den ersten Blick ist ungefähr so zuverlässig wie
die Diagnose auf den ersten Händedruck. "*

George B. Shaw (1751-1813)
Irischer Dichter/Dramatiker

*„Shake hands, ah, shake hands, dein Herz liebt einen andern. Shake hands,
ah, shake hands, drum gebe ich dich frei ... Shake hands, ah, shake hands, auf
Wiedersehn, goodbye... ",* sang Drafi Deutscher, der mit einer falschen
Song-Grammatik unsterblich wurde (Marmor, Stein und Eisen
bricht – „brechen" hätte es richtig heißen müssen). Künstlerische
Freiheit macht´s möglich.

Nur noch ein „Shake hands", um der einst großen Liebe adé und
Lebewohl zu sagen. Nicht nur in solchen Momenten reichen wir einander die Hand. Ob zur Begrüßung, zum Dank oder um einen Vertrag zu besiegeln, überall strecken wir häufig und gern dem anderen
unsere Hand entgegen. Oft vielfältiger, als uns bewusst ist. So ist unter Jugendlichen der „Give me five"-Handschlag beliebt, während
sich „seine Eminenz" den Handrücken küssen lässt. Wollen wir dagegen unsere Bewunderung für eine Darbietung ausdrücken, schrei-
en wir nicht etwa in die Menge, sondern applaudieren. Im besten
Fall sogar mit „Standing Ovations".

Unsere alltäglichen Begegnungen führen dazu, dass jeder Einzelne
jährlich etliche tausendmal einem anderen seine Hand reicht. Frisch
Verliebte dürften es noch öfter tun. Ein derartiges Handgemenge
überrascht in diesen Zeiten. Insbesondere dann, wenn man sich der
Bedeutung dieser Geste bewusst wird. Sie ist ein Relikt aus längst

vergangenen Zeiten, in denen ein nicht unerheblicher Teil der Menschen bewaffnet, durch die Lande(?) zog. Das war auch wichtig, schließlich liefen sie häufig zu Fuß oder ritten hoch zu Ross. So waren sie fast immer leichte Beute für wilde Tiere und aggressive Räuber. Trafen nun zwei fremde Menschen das erste Mal aufeinander, war die Stimmung zunächst von Misstrauen geprägt. Niemand wusste, ob der andere nicht sogleich seine Waffe zücken würde, um sich seinen Weg freizukämpfen. Wer sich hingegen in friedlicher Absicht näherte, legte seine Waffe nieder und zeigte seine leeren Handflächen. Noch mehr Sicherheit erlangten die Fremden untereinander, wenn sie sich die rechte Hand zum Gruße reichten. Diese führte das Schwert. Die Hand reichen und mit derselben gleichzeitig ein Schwert ziehen, ist unmöglich. Und so reichen wir uns heute die Hand als Zeichen der Freundlichkeit.

Ähnlich verhält es sich mit der Geste des Weineinschenkens, die in dieser Form doch immer mehr aus der Mode kommt. Auch das überrascht nicht wirklich, wenn man den geschichtlichen Hintergrund kennt. Mit der rechten Hand hält der Kellner die Flasche oder Karaffe, während die linke Hand auf dem Rücken liegt. Dieses Verhalten hat seinen Ursprung im alten Ägypten. Es war eine Schutzmaßnahme, die sicherstellte, dass die Diener, häufig auch Sklaven, ihren Herren nichts Böses antaten, indem sie Gift in den Becher tröpfelten. Stießen die Gäste mit ihren Bechern untereinander an, geschah das absichtlich so heftig, dass hieraus jeweils einige Spritzer in des Nachbarn Becher schwappten. Ebenfalls eine gewollte Absicht, um sich vor Vergiftungen zu schützen. Hätte nach diesem Vorfall jemand diese neue Komposition nicht getrunken, konnte sein Gegenüber davon ausgehen, fast Opfer eines feigen Giftanschlages geworden zu sein. Somit bleibt festzuhalten: *Die sichtbare Hand und der sich abzeichnende Handschlag sind ein Zeichen des Friedens. Man kommt in friedlicher Absicht ohne Waffen.*

Überhaupt ist der Händedruck ein Zeichen des Vertrauens, trotz seiner weniger ruhmreichen Vergangenheit. Keine Geste der Körpersprache „spricht" so deutlich wie der Händedruck. Selbst wenn unser Gegenüber noch kein einziges Wort gesprochen hat, haben wir uns bereits ein Urteil über ihn gebildet, das mit der Berührung der Hand noch verstärkt wird. *„Der erste Eindruck ist ein Phänomen, dem sich niemand entziehen kann"*, sagt der Psychologe Dr. Ronald Henss von der Universität Saarbrücken[1]. Weiter führt er aus: *„Aber bewusst ist uns der Prozess meist nicht."* Zwischen 150 Millisekunden, das sind weniger als das Sechstel einer Sekunde, und 90 Sekunden dauert im Normalfall der „menschliche" Rundum-Check. Dann ist das Urteil über eine Person getroffen.

Wie genau solche Urteile in so kurzer Zeit ausfallen können, zeigt eindrucksvoll eine Studie[2] der Duisburger Mercator-Universität unter Federführung von Dr. Siegfried Frey, Professor für Psychologie. Am Beispiel von Fernsehauftritten von Politikern untersuchte Dr. Frey gemeinsam mit amerikanischen und französischen Kollegen sechs Jahre lang, wie die Körpersprache, also das nonverbale Verhalten, die Urteilsbildung von Fernsehzuschauern beeinflusst. Dazu zeigten die Wissenschaftler 221 Versuchspersonen aus Amerika, Frankreich und Deutschland kurze TV-Spots aus den Abendnachrichten, und zwar ohne Ton. Während sich die Probanden die Clips anschauten, maßen die Forscher physiologische Reaktionen wie Hauttemperatur, Atmung und Herzschlag. Nach jedem TV-Spot mussten die Zuschauer ihre subjektiven Eindrücke von den ihnen unbekannten Politikern auf einer Skala mit 15 Eigenschaften zu Protokoll geben. Das Bemerkenswerte an diesem Experiment ist, dass nur drei bis zehn Sekunden lange Nachrichtenspots ausreichten, um zu deutlichen Urteilen mit bemerkenswerten Übereinstimmungen zu kommen. Dabei schnitten einige der gezeigten Politiker alles andere als gut ab. *„Unsympathisch, sehr inkompetent, langweilig, unintelligent und arrogant. Dennoch selbstsicher und ziemlich attraktiv"*, das sagten Fernsehzuschauer über den Politiker Oskar Lafontaine. Deutlich positiver schnitt bei den Betrachtern der damalige Arbeitsminister Norbert Blüm ab. Er wirkte kompetent und sympathisch auf die Zuschauer. Sie sprachen von einem „fairen Eindruck". Zu diesen Ergebnissen sagt Prof. Dr. Frey: *„Es handelt sich um reflexartige Deutungen. Ein Mechanismus, der die visuellen Eindrücke praktisch automatisch zu Urteilen umfunktioniert. Das kritische Großhirn wird dabei gar nicht erst gefragt, denn: Das Auge zweifelt nicht."*

Es mag nicht nur Oskar Lafontaine trösten, was Prof. Dr. Frey dem so Gescholtenen noch zu sagen hat, eine Art kleiner Hoffnungsschimmer: *„Die visuelle Interpretation ist ein Vorurteil. Es kann, zumindest theoretisch, durch Nachdenken überwunden werden ... Sodass Nachdenken zustande kommt."* Das Schlusswort bringt es auf den Punkt: Wenn wir uns eine Meinung über eine Person gebildet haben, warum sollten wir dann noch einmal nachdenken? Wir verlassen uns in solchen Momenten auf das Bauchgefühl. Deshalb stimmt es wohl, dass es für den ersten Eindruck keine zweite Chance gibt.

Doch ist das wirklich so schlimm? Wer aktiv am Leben teilnimmt, macht Fehler, weil wir Menschen sind. Wer weniger aktiv ist und apathisch die Tage wie Nächte vor dem Fernseher verbringt, wird weniger Fehler machen. Damit bringt er sich natürlich um seine Möglichkeiten und die Chancen, die uns das Leben bietet. Selbst namhafte Persönlichkeiten sind nicht fehlerfrei. So sagte z. B. Boris Becker, jüngster Wimbledon-Sieger aller Zeiten: *„Ich habe aus meinen Rückschlägen oft mehr gelernt als aus meinen Erfolgen."* Mit diesem Buch möchte ich meinen Beitrag für weniger Fehler im Leben leisten. Wer weiß, wie er auf andere wirkt, ist fast immer im Vorteil. Dieses Wissen finden Sie u. a. hier.

Ohne Worte geht es nicht

„Der Körper ist der Handschuh der Seele", sagt der von mir sehr geschätzte Samy Molcho, einer der berühmtesten Pantomimen und Spezialisten für Körpersprache. Womit er zweifelsohne Recht hat. Nicht zuletzt auch deshalb, weil unser Körper nicht lügen kann. Die Zunge hingegen schon.

Da prahlt jemand von einem Jetset-Urlaub, obwohl er nur in einer heruntergekommenen Kaschemme residiert hat und das auch noch etliche Kilometer vom „In-Treff" entfernt. Seinen Freunden erzählt er vom ausschweifenden Nachtleben und den wunderbaren Einrichtungen dieses Ortes, die er allesamt aufgesucht hat. Geübt in Körpersprache bereitet ihm diese Lüge so lange kein Problem, bis er nach Details gefragt wird, die nur jemand kennt, der wirklich vor Ort war. Er antwortet dennoch, verdreht doch spätestens jetzt seine Augen. Er rutscht unruhig auf dem Stuhl umher und wippt angestrengt mit den Füßen. Für jemanden, der die Körpersprache deuten kann, ein klares Signal, hier einem Lügner gegenüber zu sitzen.

Es ist mehr als vierzig Jahre her, als der US-amerikanische Prof. Dr. Albert Mehrabian von der University of California seine Studienergebnisse veröffentlichte, die bis heute nichts von ihrer Gültigkeit verloren haben. Auch wenn es inzwischen etliche weitergehende Studien zur Kommunikation gibt, so lässt sich sagen, dass die Ergebnisse immer dieselben sind, abgesehen von ein paar minimalen Abweichungen. Danach wird der größte Teil der Informationen zwischen uns Menschen nonverbal vermittelt, rund 93 Prozent. Nur 7 Prozent werden verbal übermittelt. Im Einzelnen sahen die „Messergebnisse" des Professors wie folgt aus:

- 55 % Körpersprache
- 38 % Stimme
- 7 % Inhalt

Daraus wurde mit der Zeit die 55-38-7-Regel. Es ist also um ein Vielfaches wichtiger, wie Sie etwas sagen, als was Sie sagen, wobei Letzteres nicht unterschätzt werden darf. Wenn Sie zu 93 Prozent perfekt sind in Ihrer Körpersprache, aber nur, mit Verlaub, Blödsinn reden, verpufft die Wirkung auf andere. Nur weil etwas mit sieben Prozent nicht den ganz großen Raum einnimmt, ist es nicht minder wichtig. Eine Oper wäre unerträglich anzuhören, würde der Dirigent sieben Prozent der Noten verändern oder ignorieren. Die Geschichtsbücher wären um viele historische Zitate ärmer, käme es nur auf die Körpersprache an. John F. Kennedy schrieb Geschichte mit seinem: *„Ich bin ein Berliner",* genauso wie Martin Luther King mit: *„I have a dream"* oder Neil Armstrong, der erste Mann auf dem Mond, mit: *„Das ist ein kleiner Schritt für einen Menschen, aber ein riesiger Sprung für die Menschheit."* Vergessen wir nicht den damaligen Präsidenten der Sowjetunion, Michael Gorbatschow, der mit seiner Politik eine der größten politischen Veränderungen ermöglichte: *„Wer zu spät kommt, den bestraft das Leben."*

Genauso wenig wie wir die Inhalte des Gesagten vernachlässigen dürfen, genauso wenig dürfen wir uns auf bestimmte Gesten und Haltungen verlassen und sie für allgemeingültig erklären. Wer gelernt hat, dass das Verschränken der Arme für *„Komm mir nicht zu nahe"* steht, könnte in dem Moment zu einer falschen Einschätzung der Situation kommen, wenn sein Gegenüber die Arme nur deshalb übereinander schlägt, um sich vor der Kälte zu schützen. Das Halten und Drehen eines Stiftes in der Hand während eines Gespräches wird mitunter als aggressive Geste oder Überheblichkeit ausgelegt. Das kann sein. Genauso kann es sein, dass jemand nur deshalb einen Stift in der Hand hält, um zu jeder Zeit Wichtiges aufzuschreiben. Dass er diesen Stift dann hin und wieder gedankenversunken bewegt, mag man ihm nachsehen. Eine Dame, die sich während eines Gespräches ihren Nacken krault, könnte damit ihr Bedürfnis nach Zärtlichkeit unterstreichen. Einerseits. Andererseits zeigt sie mit dieser Geste, dass sie sich nicht täuschen lässt.

Allein diese wenigen Beispiele zeigen, dass die Körpersprache nie eindeutig ist, von wenigen Ausnahmen abgesehen. So steht z. B. der nach oben gestreckte Daumen für „alles okay". Zeige- und Mittelfinger in die Luft gestreckt symbolisieren ein „V", das „Victory-Zeichen" (englisch victory für Sieg). Hier braucht es keine weiteren Erklärungen, um ohne Worte zu begreifen. Wohingegen andere Gesten nur aus dem jeweiligen Anlass oder aus der Situation heraus „richtig" gedeutet werden können. Die Dame, die sich während eines Gespräches den Nacken krault, unterstreicht damit ihren Wunsch nach Zärtlichkeit, wenn sie in diesem Moment mit einem von ihr geliebten Menschen spricht. Während einer Vertragsverhandlung würde diese Geste wohl kaum ihr Gegenüber zu mehr Zärtlichkeit auffordern, womit klar ist, dass sie ihm signalisiert, dass sie sich kein „X" für ein „U" vormachen lässt. Ihr Signal: „Bleib bei der Wahrheit!"

Ähnlich komplex ist die Deutung des Handschlags. Hier bestätigt sich einmal mehr die Redensart *„Andere Länder, andere Sitten"*. Wie weiter vorne ausgeführt, steht die offene Hand für eine friedliche Absicht. Man kommt ohne Waffen. Es ist davon auszugehen, dass diese Geste weltweit als solche auch verstanden wird. Anders verhält es sich mit dem direkten Kontakt, der sich durch den Handschlag ergibt oder auch nicht. So begrüßen sich z. B. die Japaner ohne Berührung, indem sie ihre Hände flach auf ihren Oberschenkel legen, während sie sich nach vorne verbeugen. Die Intensität dieser Verbeugung ist eine Frage von Rang.

In Russland hält man bei der Begrüßung einander mit den Händen an den Armen des jeweils anderen fest. Symbolisch steht diese Geste für das „außer Gefecht setzen" der Hände. Auch hier zeigt sich einmal mehr, dass diese Begrüßung aus Sicht der Körpersprache mehrdeutig ausfällt. Unter Politikern wäre diese Geste, so oder ähnlich, eine extrem dominante. Reicht ein Politiker einem anderen die rechte Hand zur Begrüßung, während er die linke auf den Arm des anderen legt oder nur seine Schulter berührt, spiegelt sein Gegenüber sofort dieses Verhalten, um sich damit seine „Macht" zu sichern. Würde er sich anders verhalten, signalisiert er damit eine Art von Unterlegenheit.

Weit intensiver berühren sich die Menschen vieler Wüstenstaaten, wenn sie einander begrüßen. Auch hier haben wir es noch mit einem Relikt des Misstrauens aus längst vergangenen Zeiten zu tun. Zur Begrüßung umarmen sich die Menschen. Dadurch kommt man sich körperlich sehr nah. Einfach deshalb, um zu spüren (fühlen), ob der andere unter Umständen Waffen unter seiner weiten Kleidung trägt. Diese Nähe sucht man in England vergebens. Bei einer Begegnung bleibt man auf Distanz zum anderen, und zwar in einer Entfernung, die das Händeschütteln unmöglich macht. Die Begrüßung erfolgt somit häufig nur mit einer angedeuteten Verneigung.

Von der Insel zurück aufs Festland, nach Deutschland. Hier haben wir ein völlig anderes Begrüßungsritual. Wir geben einander die Hand und schauen uns dabei in die Augen. Dabei befinden sich die

Hände auf halber Körperhöhe. Die Handflächen sind natürlich trocken und sauber. Der Druck ist fest, nicht hart, und dauert nicht länger als drei Sekunden (entspricht in etwa dreimal eine leichte Auf- und Abbewegung). Dabei halten wir Distanz von zwei Armlängen rechtwinklig zum Körper. Wobei wir nie mit ausgestreckten Armen aufeinander zugehen, sondern selbige erst dann ausstrecken, wenn der Ranghöhere uns seine Hand entgegenstreckt. Wobei die Bezeichnung Ranghöherer bereits seine Anwendung findet in Gast und Gastgeber. Für gewöhnlich reichen wir uns die rechte Hand, während die linke im sichtbaren Bereich bleibt und nicht etwa in der Hosentasche verschwindet. Unser Reptilienhirn wittert seit frühester Steinzeit bis heute Gefahr an allen Stellen. Somit ist es auch in diesem Fall damit beschäftigt, natürlich unbewusst, ob von der nicht sichtbaren Hand eine Gefahr ausgeht, indem z. B. ein Messer gezogen wird. Wenn aber solche Gedanken unser Gegenüber beschäftigen, kann dieser nicht gleichzeitig mit den Gedanken bei uns, also im Hier und Jetzt, sein. Was schlecht ist, schließlich brauchen wir seine Aufmerksamkeit, insbesondere dann, wenn es um geschäftliche Beziehungen geht.

Ich persönlich mag unsere Form der Begrüßung. Nicht etwa, weil ich mich nicht wie die Japaner großartig verbeugen muss, genauso wenig wie ich niemandem zu nahe an die Wäsche gehen muss wie in einigen Wüstenstaaten. Sondern deshalb, weil sich der „richtige" Handschlag, so wie er in unserer Kultur gelebt wird, positiv auf unser Wohlbefinden auswirkt. Es berühren sich in diesem Moment zwei nackte Handflächen. Haut auf Haut löst Gefühle aus. So deute ich das Ergebnis einer Untersuchung[3] der US-amerikanischen Psychologen Florin und Sanda Dolcos vom Beckman Institute for Advance Science (University of Illinois). Sie stellten fest, dass der Handschlag als erster sozialer Kontakt diverse Regionen im Gehirn stärker aktiviert als alle anderen verbalen Begrüßungsriten. Eine wichtige Basis für das dann Folgende. Wenn zwei Menschen aufeinandertreffen, dann liegt es in der Natur der Sache, dass es gut wie schlecht ausgehen kann. Deshalb, so die Psychologen, unterstützt der Händedruck die positiven Absichten. Dadurch fühlen wir uns einfach besser. Zum einen, weil Probleme eingedämmt werden, zum anderen, weil der Handschlag negative Auswirkungen abfedert, die eben durch Missverständnisse entstehen können.

Die Berührung, in diesem Fall durch den Handschlag, ist aus meiner Sicht eine der wichtigsten Formen der Kommunikation. Keine andere Art der Verständigung ist so nah, so schnell und so direkt. Dabei spielt die Dauer der Berührung weniger eine Rolle. Es kommt auf die Berührung an sich an. Der Grund dafür liegt in unserer „Genetik".

Ein menschlicher Embryo verhält sich in den ersten Wochen seines Lebens wie ein Einzeller. Das sind einzellige Organismen (z. B. Bakterien, Algen), bei denen eine Zelle in der Lage ist, sämtliche Funktionen zu erfüllen, die bei den vielzelligen Organismen auf verschiedene Zellgruppen verteilt sind. Der Einzeller kann weder hören, sehen, riechen noch schmecken. Er kann nur fühlen! So wie das menschliche Embryo. Schon ab der sechsten Woche empfindet es taktile Reize. Alle anderen Sinne sind bis dahin noch nicht einmal ansatzweise aktiv. Es gibt erwachsene Menschen, die können nicht hören, nicht sehen, nicht riechen oder nicht schmecken, und dennoch entwickeln sie sich vollkommen „normal". Es ist ihr Tastsinn, der sie ein weitgehend normales Leben leben lässt. Ohne diesen Tastsinn ist kein Leben möglich. Die Haptik (griech.: haptikos = greifbar) wird in unserer Wissensgesellschaft zwangsläufig an Bedeutung gewinnen. Was wir beGREIFEN können wir dauerhaft viel effizienter in unserem Gehirn speichern!

Deshalb ist der Händedruck so wichtig. Wir beGREIFEN einander eher, wenn wir die Hand des anderen greifen. Zudem führt eine liebevolle Berührung zu einer direkten Entspannung beim Berührten. Je nach Intensität führt das sogar zur Ausschüttung des Hormons Oxytocin, das zum einen Stresshormone abbaut und zum anderen für Liebe, Vertrauen und Ruhe steht. Unser Gehirn interpretiert solche Berührungen als Zeichen der Verbundenheit. Deshalb ist der richtige Handschlag so eminent wichtig. Er ist die Grundlage des Vertrauens.

In der Analogie zu dem berühmten Sprichwort *„Höflichkeit ist eine Zier, doch weiter kommt man ohne ihr"* sollten wir, wenn es die Umstände erfordern, einander per Handschlag begrüßen. Ein Gebot der Höflichkeit. Doch gibt es auch Situationen, in denen es nicht angebracht ist, dieser Höflichkeit nachzukommen, weshalb wir dann auf das Händeschütteln verzichten sollten. In diesem Fall stimmt das Sprichwort: *„...weiter kommt man ohne ihr"*, wie folgende Beispiele zeigen. Sie begegnen auf der Straße einem Bekannten, den Sie seit Längerem nicht gesehen haben. Der steht nun mit vollgepackten Einkaufstaschen in beiden Händen vor Ihnen, während Sie ihm Ihre Hand zur Begrüßung und nicht zur Abnahme der Taschen reichen. Aus reiner Höflichkeit stellt er nun die Taschen ab, womöglich sogar noch auf den dreckigen Gehweg, um Ihnen die Hand zu geben. Das ist alles andere als erfreulich für ihn, weiß er doch, in welchem Zustand er die Taschen zurückerhält.

Genauso wenig macht es Sinn, seine Arbeitskollegen täglich aufs Neue per Handschlag zu begrüßen. Ein netter Gruß, ein höfliches Nicken und ein paar freundliche Worte, z. B. *„Einen schönen Tag für Sie"*, reichen vollkommen aus. Auch beim Essen empfiehlt es sich, auf das Händeschütteln zu verzichten. Egal, ob im Restaurant oder an der Wurstbude. Wer gerade genüsslich in ein Wurstbrötchen beißt, hat kaum eine Hand frei, um Sie zu begrüßen. Ihre ausgestreckte Hand würde ihn somit nur in Verlegenheit bringen. Gleiches ist auch denkbar, wenn er Ihnen die Hand nicht geben mag, weil daran noch die Reste vom Ketchup kleben.

Nicht geschüttelt – gereicht

Womit die Frage im Raum steht, was einen perfekten Handschlag, einen respektiven Händedruck, ausmacht. Dieser Frage gingen Psychologen der Universität von Alabama nach[4]. In ihren Studien fanden sie die aus ihrer Sicht standardisierte Ausführung eines perfekten Händedrucks heraus. Der britische Wissenschaftler Prof. Dr. Geoffrey Beattie von der Universität von Manchester wird daran seine wahre Freude haben. Er fand in Studien[5] heraus, dass 70 Prozent der Befragten keine Ahnung haben, wie man jemandem richtig die Hand schüttelt. Wobei sich mir die Frage aufdrängt, warum ausgerechnet ein Brite sich mit diesem Thema auseinandersetzt? Jemand aus einem Land, in dem das Händeschütteln weniger stark ausgeprägt ist. Ich erhielt schnell eine Antwort. Prof. Dr. Beattie ging dieser Frage nicht etwa für das britische Empire nach, sondern für den amerikanischen Autokonzern Chevrolet. Am Ende seiner Recherchen konnte er seinem Auftraggeber die Formel für den idealen Handschlag präsentieren:

$$PH=\sqrt{(e2+ve2)(d2)+(cg+dr)2+\pi\{(4<s>2)(4<p>2)\}2+(vi+t+te)2+\{(4<c>2)(4<du>2)\}2}$$

Weil für weniger sachkundige Mathematiker, mich eingeschlossen, solche langen Formeln nicht wirklich verständlich sind, halte ich mich eher an in Worte gefasste Abhandlungen. Nach Angaben der dortigen Wissenschaftler muss man die Hand des Gegenübers vollständig und relativ kräftig umfassen. Während sie ausdauernd gedrückt bleibt, halten Sie Augen Blickkontakt zum Gegenüber. Das, so schreiben sie, schindet Eindruck. Hört sich einfach an, ist aber alles andere als leicht, weil auch hier die Situation das Geschehen bestimmt. So macht es einen Unterschied, ob der Bäckermeister einen Stammkunden per Handschlag über den Ladentresen begrüßt, der Obsthändler einen Kunden in der Tür oder ein Stellensuchender vor dem Personaler steht, um das erste Bewerbungsgespräch zu führen. Allein in diesen beiden Situationen käme es zu unterschiedlichen Formen des Händeschüttelns: überzeugend, reserviert, freundschaftlich, zurückhaltend, etc. In jedem Fall haben sie alle etwas gemeinsam: Jeder Händedruck ist gleichzeitig auch eine Aufforderung für ein Gespräch. Es reichen ein paar Worte, doch ohne diese geht es gar nicht. Wer das nicht will, gibt anderen nicht seine Hand, sondern grüßt höflich im Vorbeigehen.

Darüber hinaus gibt es nicht nur den weichen oder festeren Händedruck, sondern Dutzende andere mit interessanten Namen, die ich Ihnen gerne vorstellen möchte.

Der Händedruck hat viele Namen:

Kalter Fisch	Armdurchdrücker
Luschi	Lenker
Angsthase	Überhebliche
Schraubstock	Untergebene
Daumenbrecher	Weggucker
Dauerschüttler	Hingucker
Schnapper	Augenschließer
Seitenschwinger	„mit der hohlen Hand"
Zieher	Der Angenehme
Zurückzieher	Freund
Wegdrücker	Herzliche
Nasser Lappen	Schüchterne
Oberhanddreher	Handkussanbieter
Daumendrücker	Akzentsetzer
Abstandhalter	Pulsfühler
Kopfnicker	Gigant

Ich bin mir sicher, dass Sie sich unter einigen dieser hier aufgezählten Namen etwas vorstellen können. Wenn Sie schon einmal einen frischen (aber nicht mehr lebenden) Fisch in Ihren Händen hielten, dann haben Sie in etwa eine Vorstellung, wie sich die Hand Ihres Gegenübers nach Art „kalter Fisch" anfassen muss. Auch können Sie sich unter einem Schraubstock etwas vorstellen. Einige mit diesem Händedruck ausgestattete Zeitgenossen drücken ihrem Gegenüber die Hand so stark zusammen, dass es einem Schraubstock gleichkommt und die Schmerzen beim anderen noch minutenlang anhalten. Der „Augenschließer" hingegen drückt nicht zu, er schließt die Augen in dem Moment, wo Sie ihm Ihre Hand reichen. Dagegen wird der „Zieher" Ihre Hand schütteln und gleichzeitig zu sich ziehen, hinein in seine Distanzzone, die wir für gewöhnlich meiden (Abstand zwei Armlängen), um anderen nicht sofort zu stark auf „die Pelle" zu rücken. In diesem Moment können Sie davon ausgehen, dass Ihnen hier ein Mensch gegenübersteht, der Wert auf tiefere Beziehungen legt. Der „Wegdrücker" will genau das nicht. Der hält Sie auf Abstand, sodass Sie auch keine Chance haben, in seine Distanzzone einzudringen. Die Armstellung in dieser *„Rück mir nicht zu dicht auf den Pelz"*-Geste ist nach vorne gerichtet, weg vom Körper.

„Durch das bewusste Beobachten und das Hineinfühlen in einen Händedruck binden Sie Ihr Unterbewusstsein aktiv in diesen Prozess ein. Dadurch fällt es Ihnen leichter, Ihren ‚Handschlag-Partner' richtig einzuschätzen. "

Die Fülle der Informationen würde den Rahmen dieses Kapitels sprengen, weshalb ich es bei diesen Beispielen belassen möchte. Sie haben auch so gesehen, dass der Handschlag weit mehr ist als nur eine freundschaftliche Geste in Momenten der Begrüßung. Er sagt viel mehr über den Charakter eines Menschen aus, als gemeinhin angenommen wird. Männer mit festem Händedruck sind häufig selbstbewusst, durchsetzungsstark und „Macher", also Unternehmer und keine Unterlasser. Diese Männer wissen, was sie wollen. Das Gegenteil sind die Männer mit dem berühmt-berüchtigten „feucht-warmen Händedruck", die „Luschi-Typen" eben. Diese sind alles andere als durchsetzungsstark, sondern eher schüchtern, ja fast schon ein wenig ängstlich. Wobei ich davor warne, hier in schwarz-weiß-Kategorien zu denken. Nur weil jemand keinen festen Händedruck hat, ist er nicht zwangsweise eine, mit Verlaub, Lusche, der auch sonst nichts gelingt. Er mag Fremden vielleicht nicht so gern die Hand reichen, ist aber in seinem Beruf absolut spitze, vielleicht weniger im Handwerk als mehr im geistigen Bereich. Naturbedingt packen Handwerker stärker zu als „Kopfmenschen", die weniger handwerkliche, dafür mehr geistige Arbeiten verrichten müssen.

Zudem wird in drei Arten eines Händedrucks unterschieden, und zwar in den geraden, den über- und untergeordneten. Stehen z. B. beide Hände vertikal zueinander, heißt das, man hat die Hände „in Stellung" gebracht. Das ist ein Zeichen der Ausgeglichenheit auf Augenhöhe (kein Standesdünkel, keine Rangordnung, etc.). Die Botschaft ist klar: *„Ich respektiere dich, so wie du mich respektierst. "*

Ganz anders verhält es sich bei einem übergeordneten Händedruck. Hier ist Ihr Handrücken oder der Handrücken Ihres Gegenübers oberhalb, und damit im sichtbaren Bereich. Körpersprachlich drückt diese Geste Dominanz aus. Der, der seine Hand oben liegen hat, ist der „machtvollere" Typ: *„Ich habe hier die Oberhand"*, lautet die Botschaft. Eine Geste, die häufig bei Führungskräften und Managern zu beobachten ist, die in solchen Momenten auch die linke Hand zum Einsatz kommen lassen. Während sie die rechte Hand zum Händeschütteln reichen, legen sie die linke z. B. auf die Schulter ihres Gegenübers, wenn es die Rangstellung zulässt. Manchmal klopfen sie auch nur anerkennend auf die Schulter des anderen. Aus Sicht der Körpersprache haben wir es mit einer Geste der Anerkennung zu tun. Doch nicht nur. Sie ist gleichzeitig auch ein Zeichen der Unterdrückung. Klopft eine Führungskraft einem ihm unterstellten Mitarbeiter anerkennend auf die Schulter, während er ihm gleichzeitig die rechte Hand schüttelt, bringt er damit zum Ausdruck, dass er trotz seines Lobes klarstellen will, wer auch weiterhin „Chef im Ring" ist.

Bei einem untergeordneten Händedruck liegt z. B. Ihr Handrücken unten. So können Sie ihn nicht sehen. Im anderen Fall liegt der Handrücken Ihres Gegenübers unten, sodass er ihn nicht sehen kann. Körpersprachlich drücken wir damit aus, geführt werden zu wollen. Während der übergeordnete Händedruck als „Chef" die Richtung vorgeben will, will der untergeordnete Händedruck geführt werden und gesagt bekommen, in welche Richtung zu gehen ist.

Der richtige Händedruck ist wichtig, doch reicht er allein nicht aus, um sich wirkungsvoll in Szene zu setzen. Der US-amerikanische Schriftsteller Mark Twain sagte einmal: *„Der Unterschied zwischen dem beinahe richtigen Wort und dem richtigen Wort ist so groß wie der zwischen dem Glühwürmchen und dem Blitz."* Ähnlich sind die Dimensionen zwischen dem beinahe richtigen „Auftreten" und dem richtigen.

Ältere Leser werden sich erinnern, dass der „King of Pop", Michael Jackson, 1984 vom damaligen US-amerikanischen Präsidenten Ronald Reagan im Weißen Haus empfangen wurde. Welchem Popstar wurde solch eine Ehre zuteil? Entsprechend war der Medienrummel.

Die Kameras waren live dabei, als beide aufeinandertrafen und sich die Hand reichten. Während Präsident Reagan ihn mit der „nackten Hand" begrüßte, zog Michael Jackson es vor, seine weißen Glitzerhandschuhe anzubehalten. Ob aus Eitelkeit, Angst vor einer „Ansteckung" oder schlichtweg aus Bequemlichkeit, nichts Genaues weiß man über dieses Verhalten. Wobei ich davon ausgehe, dass seine Handschuhe Teil einer bis ins kleinste Detail abgestimmten Inszenierung waren. Mit Erfolg, wie man sieht. In solchen Momenten nehmen Künstler auch Kritik in Kauf. Häufig ist eine „schlechte" Presse immer noch besser als gar keine, mag sich mancher sagen. Die schlechte hatte Michael Jackson, weil die Amerikaner entsetzt waren über sein Verhalten. Somit hatte diese Begegnung, wie sie besser nicht hätte sein können, einen tiefen Kratzer davongetragen. Apropos Kratzer. Der kratzerfreie Handschuh, den der King of Pop 1983 bei seinem berühmten Moonwalk-Auftritt trug, wechselte auf einer Auktion, fünf Monate nach seinem Tod 2009, für 280.000 Euro den Besitzer. Nur ein Fetzen Stoff, der somit zum zweiten Mal Geschichte schrieb.

Ob mit oder ohne Handschuh. Ich möchte an dieser Stelle noch einige „Regeln" aufzählen, die den perfekten Händedruck am Ende ausmachen:

- Begrüßen Sie einen Ihnen bis dato Unbekannten, dann stellen Sie sich mit Ihrem Namen vor, während Sie Ihrem Gegenüber die Hand reichen.

- Als Mann reichen Sie im Stehen die Hand, Frauen dürfen sitzenbleiben.

- Die Hände gehören in den sichtbaren Bereich. Während Sie die rechte Hand reichen, verschwindet die linke keinesfalls in der Hosentasche. Auch bei Präsentationen oder beim Sprechen vor einer Gruppe gehören die Hände nicht auf den Rücken, sondern immer in den sichtbaren Bereich, am besten in etwa in Höhe des Bauchnabels.

Wer damit nicht umzugehen versteht (die Nervosität macht vielen einen Strich durch die Rechnung), nimmt einen Stift (nur bei einem Flipchart) oder bei einer PowerPoint-Präsentation einen Zeigestock oder Laserstift in die Hand.

- Schauen Sie Ihrem Gegenüber in die Augen. Schauen, nicht starren. Also nicht auf die Pupillen sehen, sondern zwischen Pupille und Augenbraue.

- Der Ranghöhere reicht dem Rangniedrigeren die Hand.

- Reicht der Ranghöhere die Hand nicht, was ihm unbenommen ist, holt der Rangniedrige das nicht eigenmächtig nach, indem er ihm die Hand entgegenstreckt.

- Fordern Sie niemanden dazu auf, Ihnen die Hand zu geben, wenn Ihr Gegenüber beide Hände selbst nicht frehat.

- Betreten Sie einen Raum mit mehreren Personen, dann gehen Sie als Erstes auf den Ranghöchsten oder den Gastgeber zu. Erst danach reichen Sie, wenn erforderlich, den anderen Gästen Ihre Hand. Der Reihe nach.

- Es gelten noch immer die alten Höflichkeitsregeln: Alter vor Jugend; Frau vor Mann; Chef vor Mitarbeiter; Kunde vor Lieferant; Minister vor Abgeordnetem, etc. pp.

- Als Gastgeber reichen Sie Ihren Gästen die Hand.

- Wer zu feuchten Händen neigt, sollte ein Stofftaschentuch, keine Einwegtücher, bei sich tragen.

- Wer zu kalten Händen neigt, reibt kurz vor der Begegnung die Handflächen aneinander, damit sich die Hand nicht anfühlt wie ein toter Fisch.

- Das Händeschütteln im Sanitärbereich ist ein absolutes „No-Go". Kommt es hier zu einer Begegnung, bleibt es ausschließlich bei der verbalen Begrüßung.

- Imitieren Sie keine Grußformeln. Wenn Sie als Hamburger nach München kommen und mit einem „Grüß Gott" empfangen werden, erwidern Sie diesen Gruß mit ihrem landeseigenen oder einem einfachen „guten Tag", „guten Abend", etc. pp. Wohingegen Sie z. B. den Morgengruß „guten Morgen" mit selbigem erwidern und nicht etwa mit „guten Tag".

- Sie müssen niesen? Durchaus menschlich. Doch wünschen Sie nach den neuesten „Benimmregeln" niemandem „Gesundheit", wenn Sie Zeuge seines Niesens werden. Gegenüber älteren Menschen dürfen (müssen) Sie natürlich eine Ausnahme machen, von wegen alte Schule und so. Wenn Sie selbst niesen müssen, dann bitte in die Armbeuge und nicht in die Hand, wie früher. Damals wusste man nicht um die Wirkung von Keimen & Co. Sie sehen, selbst Knigge lernt dazu!

Wenn Sie bei allem noch ein Lächeln auf Ihren Lippen haben, haben Sie die idealen Voraussetzungen geschaffen, bei anderen in guter Erinnerung zu bleiben. Und wer weiß, vielleicht entstehen so neue private wie berufliche Freundschaften.

Fassen wir zusammen:

1. Bleiben Sie in allem authentisch.

2. Bleiben Sie sich selber immer treu.

3. „Verlesen" Sie sich nicht in der Körpersprache des anderen.

4. Interpretieren Sie nie zu viel in den Ausdruck Ihres Gegenübers.

5. Akzeptieren Sie sich und Ihr Gegenüber mit der Körpersprache, die vorhanden ist.

Dann können Sie ihn, den perfekten Handschlag bzw. Händedruck.

 www.kuvih.de

ereon Jörn

Der Umsatz-Menschler®

ehr Umsatz durch kundenorientiertes Menscheln

Gereon Jörn
Der Umsatz-Menschler®
Mehr Umsatz durch kundenorientiertes Menscheln

„Das Denken für sich allein bewegt nichts, sondern nur das auf einen Zweck gerichtete und praktische Denken. "

Aristoteles

Es ist kurz vor Mitternacht und es regnet in Strömen. Die Scheibenwischer Ihres Autos haben Mühe, die Fluten von oben zu bändigen. Konzentriert schauen Sie auf die Straße. Die Lichter der Großstadt spiegeln sich in den riesigen Wasserpfützen. Sie sind geblendet, was die Anspannung zusätzlich erhöht. Eigentlich hätten Sie schon um 21 Uhr Ihr Hotelzimmer beziehen wollen, schließlich haben Sie morgen ein wichtiges Seminar zu geben. Da brauchen Sie vorab dringend Ruhe und Entspannung. Doch das Schicksal meint es an diesem Abend schlecht mit Ihnen.

Der letzte Termin zog sich wider Erwarten in die Länge, dann sprang Ihr Auto nicht an, weil Sie vergessen haben zu tanken, und zu allem Unglück verschlechtert sich das Wetter mit jedem gefahrenen Kilometer. Nach all den Strapazen ist die Freude groß, als Sie endlich am Hotel vorfahren. Zu Ihrem großen Bedauern ist das hoteleigene Parkhaus wegen kompletter Auslastung geschlossen. Ihnen bleibt nur noch die Möglichkeit, Ihren Wagen in einer Seitenstraße zu parken. In vierhundert Metern Entfernung zum Hotel finden Sie eine Parklücke. Ihr erster Termin ist bereits um 9 Uhr, weshalb Sie bemüht sind, alle Taschen und Koffer in eins mitzunehmen, um bei diesem Wetter nicht noch einmal zum Auto zurückgehen zu müssen. Mühevoll, weil schwer bepackt, laufen Sie über den Gehsteig in Richtung Hotel. Ihr Mantel ist bereits durchnässt, als ein Auto direkt an Ihnen vorbei durch eine Pfütze fährt. Nun sind Sie so nass, dass es nasser nicht mehr geht. Endlich erreichen Sie das Hotel. Sie durchschreiten die Drehtür und bewegen sich schnurstracks auf die Rezeption zu. Dort erwartet Sie eine adrett gekleidete Dame. Sie stellen Ihr Equipment ab, das Regenwasser an Ihrer Kleidung bildet unter Ihren Füßen eine Pfütze. Das Einzige, was Sie jetzt noch wollen, ist ein warmes Bett. Die Begrüßung der Rezeptionistin reißt Sie aus Ihren Träumen: *„Guten Abend, Herr Müller. Herzlich willkommen in unserem Haus. Hatten Sie eine angenehme Anreise?"* In diesem Moment würden Sie wahrscheinlich am liebsten den Mantel ausziehen und ihr, mit Verlaub, selbigen um die Ohren schlagen.

Ich übertreibe hier keinesfalls, weil ich selbst diese Situation öfter erlebt habe. Diese Erfahrung und viele andere mehr haben mich inspiriert, diesen Beitrag zum Thema *„Mehr Umsatz durch kundenorientiertes Menscheln"* zu schreiben. Das Verhalten der Dame steht symbolisch für unsere Zeit. Das, was sie macht, ist alles, nur kein Menscheln. Es ist Kunst. Kunst deshalb, weil Gestik, Tonlage und das Lächeln künstlich aufgesetzt sind. Zudem wirkt das Gesagte wie auswendig gelernt. Dahinter steht natürlich die gut gemeinte Absicht. Der Kunde ist König, und so wollen wir ihn auch empfangen. Egal, in welchem Zustand.

Von dieser Mission sind wir so eingenommen, dass wir gar nicht merken, dass das Gesagte häufig gar nicht zu den Umständen passt bzw. angemessen erscheint. Es macht einen Unterschied, ob ein Hotelgast ausgeruht und bei strahlendem Sonnenschein ein Hotel betritt und so begrüßt wird oder ob es, wie die Engländer zu sagen pflegen, Katzen und Hunde regnet (*„It´s raining cats and dogs"*) und er dadurch bis auf die Haut durchnässt ist.

Ähnlich einfallslos verhält es sich mit der Begrüßung am Telefon. Auch hier fast überall die gleiche „Ansage". Nur die Namen sind andere: *„Guten Tag. Unternehmensgruppe Mathias Baptist Müller GmbH. Sie sprechen mit Frau Sabine Jürgens. Was kann ich für Sie tun?"* Hand aufs Herz. Haben Sie hier das Gefühl, da ist jemand am anderen Ende der Leitung, der gerade im Begriff ist, mit Ihnen zu menscheln? Ich nicht. Vielmehr öffnet sich in diesen Momenten unbewusst eine meiner vielen „geistigen" Schubladen, in denen die Erinnerungen an vergangene Zeiten gespeichert sind. Ich bin dabei herauszufinden, ob ich Ähnliches schon einmal erlebt, also gehört habe. Das macht es einfacher, Situationen schneller zu bewerten. Es schützt uns aber nicht vor falschen Entscheidungen.

Vielleicht brauchten Sie einmal die Hotline, weil Ihr Computerdrucker streikte. Trotz dieser freundlichen Begrüßung (Text siehe oben) dauerte es Minuten, gefühlt Stunden, bis Sie endlich den „Experten" am Telefon hatten, der am Ende empfahl, den Drucker ans Unternehmen einzuschicken und Ihnen die Antwort schuldig blieb, wie Sie denn Ihre Arbeit ohne Drucker zu Ende bringen sollen. In einem solchen Fall „kramen" Sie aus Ihrer Schublade die negative Erinnerung heraus und nähern sich jetzt mit einem Vorurteil Ihrem Gesprächspartner. In dieser Position hat er es nicht einfach mit Ihnen. Viel seltener dagegen sind Reklamationen in Unternehmen, die mit einem guten Gefühl endeten. Sollten Sie so etwas erlebt haben, ist auch dies in einer Ihrer vielen Schubladen abgelegt, weshalb Sie in einem ähnlichen Telefonat Ihrem Telefonpartner mit Vorschusslorbeeren begegnen werden.

Ob „Schubladen" oder innere Einstellung, wir entscheiden, wie wir die Welt sehen wollen. So individuell wie unser Fingerabdruck, so individuell ist das Denken und Wissen eines jeden Menschen. Wohin das führen kann, verdeutlicht eine kleine Anekdote.

Ein alter Mann saß unter einem großen Baum und hielt einen Mittagsschlaf, als ein junger Mann an ihn herantrat, weil er eine Auskunft benötigte. „Guter Mann, kannst du mir sagen, wie weit es noch ist bis zur nächsten Stadt?", fragte er den inzwischen aus dem Schlaf erwachten alten Mann. „Gut eine Stunde Fußmarsch von hier", sagte der Alte. Der junge Mann war bereits im Begriff zu gehen, da drehte er sich noch einmal um und fragte: „Kannst du mir auch sagen, auf was für Menschen ich dort treffen werde? Sind sie reich oder arm? Sind sie dumm oder schlau? Sind sie nett?" – „Welche Menschen leben in deiner Heimat?", fragte der alte Mann den

Ratsuchenden. „Betrüger, Gauner, Diebe, Gesindel und Verbrecher", antwortete dieser. „Genau diese Menschen leben auch in dieser Stadt", belehrte ihn der Alte. Der junge Mann drehte sich um und lief laut fluchend in Richtung Stadt. Der alte Mann hingegen schlief weiter. Es dauerte nicht lange, da hielt ein Bauer mit seinem Esel-Fuhrwerk und bat ebenfalls um Auskunft. Der alte Mann erklärte auch ihm, dass er etwa eine Stunde benötigen würde, um die große Stadt zu erreichen. Der Bauer kam von weit her und kannte diese Gegend nicht. Nun wollte er noch wissen, welche Menschen in dieser Stadt lebten. Der alte Mann fragte den Bauern: „Welche Menschen leben in deiner Heimatstadt?" Die Augen des Bauern leuchteten, als er von all den wunderbaren Menschen aus seiner Heimat berichtete. „Dort leben lauter ehrbare nette Leute. Jeder achtet jeden. Wir haben viel Spaß miteinander." Der alte Mann schaute in das Gesicht des Bauern und antwortete: „Genau diese Menschen wirst du in dieser Stadt treffen." Der Bauer bedankte sich und trottete fröhlich pfeifend mit dem Esel in Richtung Stadt. Ein kleiner Junge, der in der Nähe spielte, wurde unfreiwillig Zeuge dieser Gespräche. Ihn irritierten die Antworten des alten Mannes so sehr, dass er all seinen Mut nahm und auf ihn zuging, obwohl seine Eltern ihm verboten hatten, Fremde anzusprechen. „Dir haben zwei Männer die gleiche Frage gestellt, aber du hast zweimal unterschiedlich geantwortet. Warum?", wollte der Knabe wissen. „Nun", antworte der Mann, „wir sehen immer nur das, was wir sehen wollen, und schaffen uns damit unsere eigene Welt. Wenn wir glauben, dass die Welt nur aus Betrügern besteht, dann werden wir betrogen. Wenn wir, so wie der Bauer, an das Gute im Menschen glauben, dann werden um uns herum nur nette Menschen sein. Du allein hast die Wahl." Der Junge verstand und ging wieder spielen, weil der alte Mann noch dringend eine Portion Schlaf nachzuholen hatte.

Wir neigen dazu, die Umwelt für unser Befinden verantwortlich zu machen. Diese Anekdote zeigt das Gegenteil. Wir selbst entscheiden durch unser Denken, auf welche Umstände wir treffen. Wichtig ist, sich in diesen Momenten selbst treu zu bleiben, so wie es erfolgreiche Persönlichkeiten tun. Sie bleiben in allen Lebenslagen Menschen. Sie zweifeln, sie kämpfen, sie freuen sich, sie leiden, sie weinen, sie fallen hin, sie stehen wieder auf, sie verlieben sich, sie trennen sich, weil sie keine ständigen Sieger sind. Sie werden genauso vom Schicksal getroffen und müssen Niederlagen hinnehmen wie alle anderen auch. Doch gehen sie mit dem Unvermeidlichen anders um als der Durchschnitt, der sich oft schon von kleinen Rückschlägen einschüchtern lässt.

Die Welt braucht keine „Übermenschen". Sie braucht Menschen wie Sie, die bereit sind, sich den Herausforderungen zu stellen, die den Mut haben, Widerstände zu überwinden und die wissen, dass es nur einen wichtigen Zeitpunkt gibt im Leben: Jetzt!

Die Zunge kann lügen

Unbewusst arbeiten wir mit der Schubladenmethode. Wir versuchen aktuelle Geschehnisse so einzuordnen, dass wir ein gutes und vor allen Dingen sicheres Gefühl haben, wenn wir vor einer neuen Situation stehen. Dabei glauben wir, das Richtige zu tun. Schließlich haben wir bis zu diesem Zeitpunkt Erfahrungen gesammelt, die wir als gut und/oder schlecht dauerhaft gespeichert haben. Das kann dann dazu führen, dass wir Menschen nach ihrem Äußeren beurteilen. So sehen wir z. B. eine Person mit ungepflegten Fingernägeln und schließen daraus, dass sie ein Problem mit der Hygiene haben könnte. Auf den Gedanken, dass zuvor ihr Füller versagte und sie versucht war, durch schnelles Eingreifen Schlimmeres zu verhindern, kommen wir nicht. Wir entscheiden aufgrund unserer Erfahrungen, von denen der US-amerikanische Schriftsteller Josh Billings (1818-1885) sagte: *„Erfahrung vermehrt unsere Weisheit, verringert aber nicht unsere Torheiten."* Es ist ein großer Fehler, nur auf das Äußere, Sichtbare und Subjektive zu achten.

Sind Sie in der Beurteilung von Menschen sicher? Glauben Sie aufgrund Ihrer Erfahrung, Menschen richtig einordnen bzw. einschätzen zu können, wie z. B. in „guter Mensch", „böser Mensch"? Dann lassen Sie es uns einmal auf einen Test ankommen.

Haben wir es hier mit guten Menschen zu tun?

Bild 1   Bild 2   Bild 3   Bild 4

Haben Sie die Charaktere dieser vier Personen richtig erkannt? Wenn nicht, dann kann es daran liegen, dass Sie einfach zu wenige Informationen hatten (Auflösung siehe Quellenverzeichnis[6]). Nur das Gesicht eines Menschen zu sehen, reicht bei weitem nicht aus, um sicher zu „urteilen". Das fanden bereits Ende der 1960er-Jahre Wissenschaftler heraus. Sie erkannten, dass wir Menschen zu jeder Zeit kommunizieren, ob wir wollen oder nicht. Eigentlich keine bahnbrechende Erkenntnis, schließlich sind wir soziale Wesen und damit ständig am Plaudern. Wir lieben es, uns mitzuteilen. Wie sonst ist der Erfolg von Facebook & Co. zu erklären? In weniger als einem Jahrzehnt haben sich allein bei Facebook über eine Milliarde Menschen „versammelt", um zu jeder Sekunde anderen mitzuteilen, womit sie derzeit beschäftigt sind. Diese Form der Nachrichtenweitergabe meinen die Wissenschaftler nicht. Sie „sprechen" von der „nonverbalen" Kommunikation und meinen das „nicht Gesagte". Prof. Dr. Mehrabian von der University of California verdanken wir die Feststellung, dass wir immer wirken, selbst dann, wenn wir es nicht wollen. Tatsächlich wirken wir mit 55 Prozent durch unsere Körperhaltung, Gestik und Mimik, kurzum: durch die Sprache des Körpers. Wohingegen mit 38 Prozent die Stimmlage und Betonung unsere Wirkung auf andere ausmachen (wie wir etwas sagen). Mit nur bis zu 7 Prozent wirken wir durch das, was wir sagen (Inhalt). Wie erwähnt, wissen wir darum seit mehr als 40 Jahren, und was haben wir daraus gelernt? Nichts. Noch immer meinen Verkäufer, ihre Kunden mit Wissen überzeugen zu müssen, um zum Abschluss zu kommen. Deshalb verwenden sie einen Großteil ihrer Zeit damit, ZDFs zu lernen (also Zahlen, Daten und Fakten), die so genannten Hard Skills. Dabei kommt es in diesen schnelllebigen Zeiten viel mehr auf die Persönlichkeit des Einzelnen an, auf die Soft Skills. *„Persönlichkeiten, nicht Prinzipen bringen die Zeit in Bewegung"*, schrieb bereits Oscar Wilde (1854-1900).

Das Bild, welches wir voneinander haben, gerade in den ersten Sekunden einer Begegnung, wird aufgrund von Erfahrungen mit ähnlichen Situationen aus der Vergangenheit bestimmt. Sobald wir auf eine neue Situation, also auf einen uns unbekannten Menschen treffen, sucht unser Unterbewusstsein fast schon in Lichtgeschwindigkeit nach einer Entsprechung und wird dabei fast immer fündig. Sein Speicher ist unerschöpflich, weshalb es auch nichts vergisst. Haben wir mit einer „ähnlichen" Person gute Erfahrungen gemacht, bringen wir der „neuen" Person Vorschusslorbeeren entgegen. Verbinden wir mit einer ähnlichen Person Negatives, dann ruft unser Unterbewusstsein diese negative Erfahrung ab. Deshalb begegnen wir der „neuen" Person nicht nur mit Vorbehalt und Vorurteilen, sondern wir behandeln sie auch danach. Das ist alles andere als fair.

Wenn Sie im Vertrieb tätig sind und andere Menschen für sich gewinnen möchten, können Sie sich einen ersten Eindruck von Ihrem Gegenüber in dieser Art und Weise nicht leisten. Sie bringen sich um Ihre Chancen, wenn Sie Ihr Gegenüber aufgrund von zurückliegenden Erfahrungen mit anderen Personen vorverurteilen. Durch dieses Verhalten werden jährlich Verkaufsabschlüsse in siebenstelligen Eurobeträgen vereitelt, weil Verkäufer genau das tun.

Vielleicht haben auch Sie schon ähnliche Erfahrungen gemacht, indem Sie auf der Käuferseite standen und ein Verkäufer Sie herablassend behandelte. Einzig aus dem Grund, weil er der Meinung war, dass Sie sich diese von ihm angebotenen Produkte oder Dienstleistungen überhaupt nicht leisten können. Gestützt hat er seine Meinung vielleicht auf Ihr Aussehen, weil sie, seiner Meinung nach, nicht im richtigen Outfit erschienen sind. Sie und ich, wir wissen, dass Aussehen und Kleidung heute nichts mehr über Erfolg oder

Misserfolg aussagen, und doch urteilen viele Verkäufer, unwissentlich, danach. Deshalb eine sehr wichtige goldene Regel:

„Behandeln Sie jeden Menschen in den ersten drei Minuten so,
als wenn dieser Ihr größter Kunde werden wird."

Geben Sie in diesen ersten drei Minuten buchstäblich VOLLGAS, indem Sie sich einige Fragen stellen:

1. Welchen Umsatz wollen Sie erzielen?
2. Bei welchem Umsatz fängt es in Ihnen an zu kribbeln?

Nachdem Sie sich diese Fragen beantwortet haben, multiplizieren Sie sie mit 10. Und nun stellen Sie sich vor, dass jeder neue Kunde Ihnen genau diesen Umsatz bescheren wird.

Ich fasse zusammen: Wenn Sie erfolgreich sein wollen, können Sie sich einen ersten Eindruck aufgrund von früheren Erfahrungen nicht leisten. Deshalb geben Sie in den ersten Minuten alles, was Sie können.

Die Vorbereitung auf ein Verkaufsgespräch nach obigem Muster ist wichtig und hilfreich. Erinnern wir uns. In Ihrer Gesamtwirkung entscheiden 7 Prozent Inhalt, 38 Prozent Klang Ihrer Stimme sowie 55 Prozent Gestik und Mimik. Worauf also bereiten Sie sich am meisten vor? Beantworten Sie die Frage ehrlich, so wie meine Seminarteilnehmer. Deshalb ist das Ergebnis auf diese Frage fast immer dasselbe. Das Gros antwortet: auf den Inhalt. Man bereitet sich also auf den Punkt vor, der von allem die geringste Wirkung erzielt und zudem beim anderen am wenigsten in Erinnerung bleibt.

Probieren Sie es aus, indem Sie Ihren Gesprächspartner nach 14 Tagen anrufen und ihn nach Details aus der Unterredung befragen. Er wird, wenn überhaupt, nur bruchstückweise Erinnerungen wiedergeben können, häufig noch nicht einmal das Wichtigste. Dagegen wird er sich ganz genau an eines sehr gut erinnern: den Eindruck, den Sie hinterlassen haben. Dieser Eindruck löst beim anderen immer Gefühle aus, die sogar gespeichert werden. Diese „gespeicherten" Emotionen sind somit sofort präsent, sobald Sie mit ihm in Kontakt treten. Dagegen kann sich niemand wehren. Das Unterbewusstsein ruft es in Millisekunden ab. Je bleibender Ihr Eindruck, desto stärker das Gefühl und desto länger wird es gespeichert. Es ist das Gefühl, das 93 Prozent Ihrer Gesamtwirkung bestimmt, weil der Klang Ihrer Stimme und die Sprache Ihres Körpers nicht aus bewussten Gedanken entstehen, sondern auch aus Ihrem „nicht steuerbaren" Unterbewusstsein. Denn:

Stimmung macht Stimme!

Ihre innere Einstellung, Ihr Wohlbefinden und die Art und Weise, wie Sie sich fühlen, bestimmen 93 Prozent Ihrer Gesamtwirkung. Das Wissen um diese empirisch belegte Aussage ist so umfänglich, dass es hier in diesem Beitrag nicht wiedergegeben werden kann. Doch zeigen meine Ausführungen bis zu dieser Stelle, wie Sie andere behandeln müssen (sollten), um Ihre Ziele leichter, schneller und effizienter zu erreichen. Dabei spielt es keine Rolle, ob es sich um berufliche oder private Ziele handelt. Es ist auch egal, ob Sie das Wissen als Verkäufer einsetzen oder als Führungskraft. Es ist ein universelles Wissen und damit von jedem anzuwenden.

Let's swing

Wenn, wie die Forsa-Studie bestätigt, Lob für jeden zweiten Mitarbeiter wichtiger ist als die Wertschätzung von Freunden und Bekannten, dann haben Führungskräfte nur eine Aufgabe zu erledigen: *„Sie müssen ihre Mitarbeiter so behandeln, wie sie behandelt werden wollen."* Schon tausendmal gehört, und doch bringt diese Redensart das zentralste aller Probleme spitz auf den Punkt: *„Der Köder muss dem Fisch schmecken und nicht dem Angler."* Obwohl dieses „Naturgesetz" jedem einleuchtet, verhält sich das Gros der Menschen anders. Ihr Motto lautet:

„Behandle andere so, wie du behandelt werden möchtest."

Wenn dem so ist, warum erlebe ich in der Realität dann immer nur das Gegenteil? Als Referent bin ich naturbedingt auf vielen Bühnen unterwegs. Weniger im Theater als vielmehr in einem Auditorium. Ich fühle mich berufen, den vielen Zuhörern wertvolle Informationen an die Hand zu geben, wie sie noch erfolgreicher werden. Von dieser Aufgabe bin ich geradezu beseelt, weshalb es mir eine große Freude macht, auf der Bühne zu stehen. Diese Freude möchte ich gern mit anderen teilen, denn ich möchte sie so behandeln, wie ich mich behandelt sehen möchte. Also bitte ich die Zuhörer auf die Bühne, damit sie mit mir an dieser Freude teilhaben können. Nur wenige haben den Mut, dieser Aufforderung nachzukommen. Obwohl ich sie so behandle, wie ich behandelt werden möchte, ernte ich häufig nur ein Kopfschütteln.

Wohin wir schauen, überall ergibt sich dasselbe „Kommunikationsmuster". Angenommen eine Lehrerin unterrichtet an ihrer Schule eine Klasse mit 20 Schülern. Sie lehrt die Inhalte so, wie sie es früher selbst erlernt hat. Sie motiviert alle Kinder so, wie sie selbst motiviert werden möchte. Sie sanktioniert alle Kinder in der gleichen Art und Weise, wie bei ihr die Sanktionen gewirkt haben. In ihrer Klasse wird sie einige Schüler haben, die glänzende Leistungen abliefern, genauso wie Schüler, die es einfach nicht schaffen, selbst das einfachste Wissen zu verinnerlichen.

„*Nichts ist dynamischer als der Wandel*", erkannte der griechische Philosoph Heraklit vor mehr als 2.500 Jahren. Und so passiert es an dieser Schule, dass die Lehrerin diese Klasse an einen Nachfolgelehrer übergibt. Einige Zeit später stellt sich heraus, dass einige der guten Schüler den Anschluss an die Spitze verloren haben und nur noch schlechte Noten schreiben. Wohingegen einige der Kinder, die vorher nicht aus dem Notenkeller gekommen sind, zur Spitze aufsteigen. Fächer wie Lerninhalte sind gleich geblieben, und doch verändern sich die Leistungen der Kinder, weil etwas Entscheidendes sich veränderte: Der Lehrer, und damit ein Mensch, wurde ausgetauscht. Dadurch ändern sich zwangsläufig auch die „Frequenzen", unter denen wir Menschen kommunizieren. Dabei unterstelle ich, dass jeder Lehrer in bester Absicht handelt, ganz so wie es der Philosoph

Johann Gottlieb Fichte (1762-1814) beschrieb: *„Groß und glücklich wäre der Meister, der alle seine Schüler größer machen könnte, als er selbst war."* Kein leichtes Unterfangen.

Ein ähnliches Szenario spielt sich in der Bundesliga ab. Eine Mannschaft fällt in ihren Leistungen ab und verliert ein Spiel nach dem anderen. Dann wird der Trainer ausgetauscht. Dieselbe Mannschaft, die zuvor nur noch mit hängenden Köpfen aufs Spielfeld rannte, gewinnt auf einmal wieder, und das oft auch gegen viel bessere Gegner. Die Spieler und die Regeln sind dieselben. Es wurde wieder nur ein Faktor ausgetauscht. Der Faktor Mensch – der Trainer.

Kein Elternteil käme auf die Idee, mit seinen drei Kindern in der gleichen Art und Weise zu reden, zu lachen, zu scherzen, zu schimpfen, etc. pp. Es wird mit jedem Kind anders kommunizieren, und zwar so, wie es das Kind braucht. Ein visuell veranlagtes Kind wird es nicht auffordern, besser „zuzuhören", sondern besser hinzuschauen. Bei einem „auditiven" Kind verhält es sich genau andersherum. Hier werden die Eltern weniger zeigen, dafür mehr erzählen. Sie kommunizieren somit im weitesten Sinne symmetrisch mit ihm, wie es Prof. Dr. Paul Watzlawik, Kommunikationsexperte par excellence, beschrieb: *„Zwischenmenschliche Kommunikationsabläufe sind entweder symmetrisch oder komplementär. Symmetrische Beziehungen zeichnen sich also durch Streben nach Gleichheit und Verminderung von Unterschieden zwischen den Partnern aus, während komplementäre Interaktionen auf sich gegenseitig ergänzenden Unterschiedlichkeiten basieren."* Ich kann es auch einfacher formulieren:

Behandle andere so, wie sie behandelt werden wollen.

So wie Sie mit Ihren Kindern kommunizieren, so müssen Sie auch mit Erwachsenen sprechen. Nur weil wir körperlich gereift sind, greifen hier keine anderen Kommunikationsgesetzmäßigkeiten. Häufig geschieht „richtige Kommunikation" unbewusst, denn „Gleiches zieht Gleiches an", lehrt bereits eine Redensart, die empirisch bewiesen ist. Wir senden ununterbrochen Schwingungsfrequenzen aus, die mit gleichen Frequenzen in Resonanz gehen. Deshalb ziehen wir die

Menschen, Freunde und Kunden in unser Leben, die unserer Eigenschwingung entsprechen. Die Situation ist vergleichbar mit einem Radio:

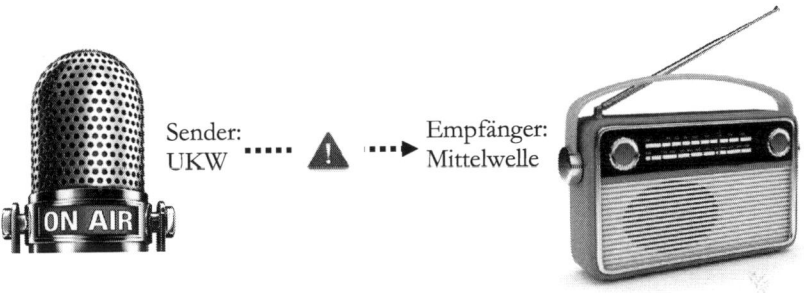

Sender:
UKW ····· ⚠ ····▶ Empfänger:
Mittelwelle

Wer UKW einstellt, aber Mittelwelle hören will, empfängt allenfalls ein Rauschen – also nichts. Das Radio kann nur die Signale vom Sender empfangen, wenn es auf derselben „Wellenlänge" eingestellt ist. Ansonsten senden die Wellen ins Leere. Noch deutlicher erleben Sie Resonanzen, wenn Sie z. B. eine Stimmgabel in die Hand nehmen. Sie schwingt nur dann, wenn der Ton ihrer Eigenfrequenz entspricht. Im anderen Fall kann sie ihn nicht wahrnehmen.

Alles in der Welt kann nur in Frequenz zu anderen gehen und dadurch mitschwingen, wenn es in sich selbst dafür eine Entsprechung gibt. Dieses universelle Gesetz gilt im Besonderen auch für uns Menschen. Für jede Wahrnehmung brauchen wir in uns selbst eine Entsprechung. Erst dann treten wir in die entsprechende Resonanz.

An Ihnen ist es herauszufinden, mit welchen Menschen Sie sich umgeben. Gehen Sie mit Ihnen in Resonanz, und der Erfolg stellt sich auf allen Ebenen ein. Wichtig ist dabei, authentisch zu bleiben, sich nicht zu verstellen und bei allem flexibel zu sein. Wollen Sie als Verkäufer Ihren Kunden erreichen, dann müssen Sie in seiner Frequenz senden und nicht in Ihrer eigenen. Trotzdem werden Sie auch Kunden oder eher Interessenten, die Sie gern zu Kunden machen wollen, begegnen, mit denen Sie in Frequenz gehen wollen, es aber nicht können. Dann lässt der andere diese Frequenz nicht zu. Das ist normal, weil wir nicht davon ausgehen dürfen, allen zu gefallen. Das gilt es zu akzeptieren. Laufen Sie diesen Menschen nicht länger hinterher, sondern kümmern Sie sich um die, die mit Ihnen buchstäblich auf einer Wellenlänge schwimmen.

Erfolgreiche Verkäufer zeichnen sich durch ein außergewöhnliches Wahrnehmungsvermögen aus. Sie besitzen die Fähigkeit, eigene Stimmungen und Stimmungsnuancen ihrer Mitmenschen wahrzunehmen. Eine Fähigkeit, die nicht zwingend angeboren sein muss, sondern erlernt werden kann. Dazu schrieb der US-amerikanische Schriftsteller und Jurist John Luther Long (1861-1927):

> *„Begabung, Intelligenz, eine sehr gute Erziehung stellen, jede für sich genommen, keine Garantie für Erfolg dar. Es muss noch etwas anderes hinzukommen: die Sensibilität zu erkennen, wonach andere Menschen suchen, und der Wille, ihnen dies zu geben. Weltlicher Erfolg ist davon abhängig, anderen zu gefallen. Niemand wird Ruhm, Anerkennung oder Beförderung erlangen, weil er oder sie denkt, dies wäre verdient. Jemand anders muss genauso denken!"*

In oder ex?

Wir leben in revolutionären Zeiten, diesmal in positiver Hinsicht, die Gott sei Dank so gar nichts mit den Umbrüchen des letzten Jahrhunderts zu tun haben. Allerdings können nicht alle damit gut umgehen. Viele sind schlichtweg überfordert. Ich erinnere die Zeiten in meinem Ausbildungsbetrieb, wo wir ein Angebot anforderten und auf die Antwort mehrere Tage, mitunter sogar Wochen, warten mussten. Die Anfrage wurde auf einer Schreibmaschine getippt, einkuvertiert und auf dem Postweg zum Empfänger verschickt. Auf selbigem Weg kam die Antwort zurück.

Wer heute ein Angebot anfordert, benützt dafür die Email oder eine SMS, je nach Branche. Man tippt mehr in schlechtem Deutsch und mit zig Schreibfehlern seine Anfrage und bittet um „sofortige" Antwort. Ein Klick, und schon ist die Email beim Anbieter angekommen. Wehe, wenn hier nicht innerhalb von wenigen Minuten geantwortet wird. Das ist eben die Kehrseite der digitalen Welt. Sie erleichtert uns das Leben, schafft aber zusätzlich Druck. Eine Welt, die uns zudem mit Produkten überhäuft, sodass wir kaum noch einen Überblick haben. Ob Auto, Wasserkocher oder Computer, wir haben inzwischen ein Überangebot, was es Verkäufern wie Käufern schwer macht, zueinander zu finden. Das Übrige erledigt das Internet. Hier gesucht, heißt keinesfalls auch gefunden. Sie suchen einen Schnellkochtopf. Also bedienen Sie sich hier einer Suchmaschine. Google liefert Ihnen auf diese Frage 1,5 Millionen Eintragungen. Oder Sie klicken auf eine der vielen „Preisroboterseiten" und tippen die Suche erneut ein. Dann wird´s leichter, weil nur 531 Ergebnisse angezeigt werden. Beim Konkurrenten sind es nur noch 199. Ob 531 oder 199 Möglichkeiten, wie viel Zeit wollen Sie denn vor dem Rechner verbringen, um das richtige Produkt zu finden?

Hinter jeder Kaufentscheidung steht ein Mensch. Ich habe noch nie erlebt, dass Schnellkochtöpfe Schnellkochtöpfe kaufen. Und weil das so ist, hilft das Internet, sich einen Preisüberblick zu verschaffen. Doch bei einem ratsuchenden Laien, der ein bestimmtes Produkt zum ersten Mal sieht und erwerben will, wird hier kaum ein Kaufimpuls ausgelöst. Keine Regel ohne Ausnahme, doch in der Vielzahl wird sich dieser Interessent an einen Verkäufer wenden. Telefonisch oder durch ein persönliches Treffen. Letzteres führt dann dazu, dass hier zwei „Frequenzen" aufeinandertreffen, so wie im vorherigen Kapitel beschrieben. Wenn der Verkäufer in einem meiner Seminare gewesen ist, dann wird er jetzt auf Ihre Frequenz eingehen, damit Sie so behandelt werden, wie Sie behandelt werden wollen.

Damit nicht genug. Ein guter Verkäufer erkennt zudem, in welcher Welt Sie leben.

Vereinfacht gesagt, gibt es zwei:

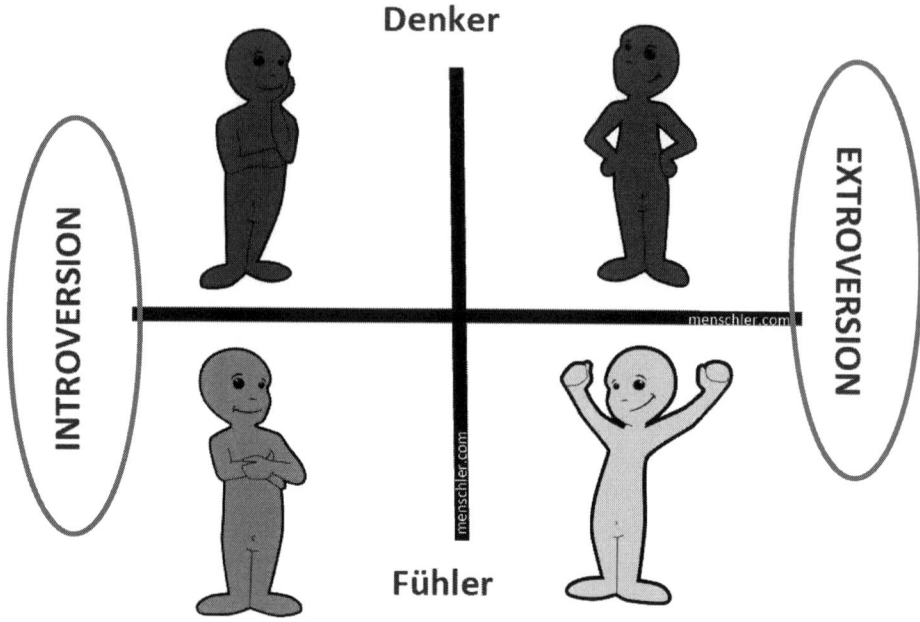

Die beiden Begriffe Intraversion und Introversion haben die gleiche Bedeutung. Genauso wie Extroversion und Extraversion. Die Begriffe stehen für Persönlichkeitstypen, die der Schweizer Psychoanalytiker Carl G. Jung (1875-1961) erstmals 1921 verwendete. Nach Jungs Vorstellung kann die psychische Energie entweder nach außen (extravertiert) oder nach innen (introvertiert) ausgerichtet sein. Wahrnehmung, Intuition, Denken und Fühlen sind entweder extra- oder introvertiert. Wobei der deutsch-britische Psychologe Hans Jürgen Eysenck (1916-1997) in dieser Aufteilung kein Entweder-oder sah, sondern ein Kontinuum. Nach seiner Vorstellung kann ein Mensch eher nach innen gerichtet sein oder nach außen.

Bei der intrinsischen Handlung geschieht die Aktivität um ihrer selbst willen. Die Betroffenen sind in einer Art „Mission" unterwegs. Sie verschmelzen mit ihrer Aufgabe und unterscheiden hier nicht zwischen Arbeit und Freizeit. Sie sind mit dem, was sie tun, leidenschaftlich verschmolzen. Ihre Begeisterung kommt von Herzen, weshalb sie mitunter Raum und Zeit vergessen, so sehr sind sie in das, was sie tun, vertieft. Introvertierte Menschen (von lat. *intra* = innerhalb und *vertere* = wenden) sind *von Haus aus* eher still, scheu und zurückhaltender.

Extrinsisch motivierte Menschen werden von äußeren, nicht in der Sache liegenden Anreizen angetrieben. Der Charakter extrovertierter Menschen (von lat. *extra* = außerhalb und *vertere* = wenden) zeichnet sich aus durch eine nach außen gewendete Haltung. Sie suchen förmlich die Nähe zu Menschen, weil sie den Austausch und das Handeln in Gruppen als anregend empfinden. Ihre typischen Eigenschaften sind: gesprächig, entschlossen, dynamisch, aktiv, energisch und abenteuerlustig. Durch diese Persönlichkeitsausprägung unterscheiden sich Extrovertierte und Introvertierte hinsichtlich ihrer Art, mit anderen zu kommunizieren, stark voneinander. Der Extrovertierte hat keine Schwierigkeit, mit anderen ins Gespräch zu kommen. Ob bekannt oder unbekannt ist ihm dabei fast egal. Diese Lässigkeit im Umgang mit Menschen kann im Extremfall sogar dazu führen, dass er das Herz auf der Zunge trägt. Mitunter muss er in seinem Redeschwall gebremst werden, damit er sich nicht um Kopf und Kragen redet. Zumal er gewohnt ist, anderen auch ins Wort zu fallen, um seine Standpunkte herüberzubringen. Zudem hat diese Spezies überhaupt kein Problem, über Persönliches, Geschäftliches wie Privates zu reden.

Schweigen ist nicht unbedingt die Stärke von „Extros", wohl die der „Intros". Bevor sie sprechen, überlegen sie sehr sorgfältig, was sie sagen wollen. Sie schweigen lieber, anstatt zu viel von sich preiszugeben. Deshalb unterscheiden sie sich auch hinsichtlich ihres Redetempos von den Extros. Ihre Sprache ist wie ihre Gedankenwelt: klar und deutlich strukturiert. Während die Extros von einem Thema zum anderen springen, bringen Intros erst eines zu Ende, ehe sie das nächste anfangen. Und über ihre persönlichsten Gedanken verlieren Intros selbstredend kein einziges Wort.

Hier die Unterschiede im Überblick:

extro	intro
impulsiv	ruhig
dominant	still
leichtsinnig	schüchtern
überheblich	zurückhaltend
risikofreudig	in sich gekehrt
aktiv	tiefgründig
dynamisch	nachdenklich
wortgewandt	vorsichtig
einfallsreich	Fokus nach innen gerichtet
starke Persönlichkeit	beobachtend

Extrovertierte Menschen wirken häufig belehrend. Sie wollen den „Intros" ihre Meinung überstülpen. Ob ihrer Überheblichkeit halten sie sich für die schlauere Spezies. Dadurch wirken sie sehr selbstbewusst. Sie wirken so, was aber nicht heißt, dass sie es auch sind. Aufgrund ihrer Persönlichkeitsmerkmale sind sie schlichtweg in der Lage, dieses „zu spielen". So wie Extros nicht zwingend selbstbewusster sind als andere, so sind Intros nicht per se schüchtern.

Kommen wir zurück auf das Verkaufsgeschehen, das keinem „Wünsch dir was"-Film folgt, sondern oft vom harten Alltag dirigiert wird. Deshalb ist die Chance groß, dass ein extrovertierter Verkäufer auf eine introvertierte Käuferpersönlichkeit trifft.

Auch hier gilt:

Behandle andere so, wie sie behandelt werden wollen.

Weil ein Extro eine zügige Form der Kommunikation bevorzugt, „schaltet" er im Wortsinn einen Gang zurück, redet langsamer und holt sich vom Intro häufiger Feedbacks, damit dieser Zeit zum Nachdenken hat. Für einen Intro geht es um Details, deshalb kann er sich durch ein zu schnelles Tempo unter Druck gesetzt fühlen. Deshalb spricht der Extro langsamer. Eine Herausforderung für ihn, aber zu schaffen. Immerhin ist er ein Verkäufer.

Ist der Verkäufer ein Intro und der Käufer ein Extro, dann muss der Verkäufer genau wissen, was er sagen will. Er muss in diesem Gespräch auf eine Art roten Faden achten, an dem sich der Extro orientieren kann. Extros lieben Schnelligkeit im Gegensatz zum Intro. Der Intro braucht im Verkaufsgespräch die volle Aufmerksamkeit des Extros. Wenn dieser durch die „langsamere Geschwindigkeit" des Intros gedanklich abschweift, gefährdet das u. U. den Erfolg des Gespräches. Deshalb müssen Intros vom großen Ganzen sprechen, um sich nicht in Details zu verlieren. Der Extro braucht die „große Vision", um einem Gespräch zu folgen.

Es gibt beim Thema Intro- und Extroversion keinen Zusammenhang zwischen gut und schlecht. Es ist, wie es ist. Beide Seiten haben ihre Vor- und Nachteile. Es geht nicht darum, jemanden auf die eine oder andere Seite zu bekommen, sondern ausschließlich darum, zu erkennen, wie er „tickt". Mit diesem Wissen kann dann die richtige Strategie zielführend gewählt werden.

Der Mix macht´s

Neben der „richtigen" Frequenz und der Persönlichkeit gibt es eine dritte Eigenschaft, auf die wir „Menschler" Wert legen müssen: das Temperament. Damit ist nicht der Verhaltensstil gemeint, der die Art und Weise beschreibt, wie wir agieren und reagieren. Gemeint ist vielmehr der Charakter eines Menschen, von dem der Vater der Heilkunde, Hippokrates (der Eid des Hippokrates), der vor rund 2.400 Jahren lebte, vier ausmachte. Er nannte diese „die vier Temperamente". Hippokrates verschrieb sich dem Heilen von Krankheiten. Dabei fiel ihm auf, dass Menschen mit bestimmten Beschwerden häufig ähnliche Charakterzüge aufwiesen, die er in vier Bereiche einteilte:

- Choleriker
- Melancholiker
- Phlegmatiker
- Sanguiniker

Die ersten drei Charaktere sind vielen bekannt, meistens aber nur als negativ besetzt. Danach ist z. B. ein Choleriker umgangssprachlich ein leicht erregbarer, unausgeglichener, jähzorniger, zu Wutanfällen neigender Mensch. Im negativen Sinne mag es stimmen, doch bekanntlich hat eine Medaille zwei Seiten. In diesem Fall auch eine positive. Danach ist ein Choleriker willensstark, furchtlos und fest entschlossen.

Die Charaktere nach Hippokrates:

Melancholiker
Bevorzugt geordnete Verhältnisse; neigt zu Stimmungsschwankungen

- Kühl
- Genau
- Reserviert
- Hinterfragend
- Korrekt
- Analytisch

Choleriker
Übernimmt rasch die Führung; zeigt sich hart im Einstecken und
Austeilen

- Wetteifernd
- Arrogant
- Entschieden
- Zielbewusst
- Aggressiv
- Dominant

Phlegmathiker
Beobachtet eher von außen. Neigt dazu, sich auf die Wünsche
der anderen einzustellen

- Sozial
- Achtsam
- Beständig
- Mitfühlend
- Gelassen
- Stur

Sanguiniker
Optimist und ein immenser Energiespender

- Auffallend
- Umgänglich
- Schwungvoll
- Hektisch
- Enthusiastisch
- Taktlos

Wenn ich in meinen Seminaren die Teilnehmer danach frage, welche Farbe sie mit reserviert, genau und kühl verbinden, erhalte ich zur Antwort: blau. Auf die Frage, welche Farbe für arrogant, entschieden und aggressiv steht, antworten sie unisono: rot. Das Gleiche passiert bei Fragen zu den Farben grün und gelb. So verbinden wir mit den Farben bestimmte Eigenschaften. Dem voraus gehen drei grundsätzliche Fragen:

1. Wer bin ich?
2. Wer ist mein Gegenüber?
3. Welche Strategie brauche ich, um erfolgreich zu sein?

Jedes der vier Temperamente braucht eine andere Behandlung. Jeder wird anders motiviert und demotiviert. Jeder hat andere Kauf- und Entscheidungsemotionen. Ein Menschler weiß darum, weshalb er auf der Klaviatur der unterschiedlichen Menschentypen perfekt spielen kann, natürlich zum Vorteil aller. Wer noch nicht so perfekt spielen kann, der lernt es in meinen Seminaren, was ich gern beweise.

So greife ich mir in meinen Vorträgen z. B. eine x-beliebige Person aus dem Publikum heraus und lasse mir zunächst bestätigen, dass wir uns nicht kennen und uns auch noch nie begegnet sind. Dann hole ich mir vor aller Augen von dem Probanden seine Zustimmung, etwas über ihn erzählen zu dürfen. Für gewöhnlich wird auf diese Frage zögerlich zustimmend genickt. Ab dann beschreibe ich die Person, also die Farbe, die ich bei dieser Person wahrnehme. Danach stelle ich ihr die Frage, wie viele meiner Aussagen richtig waren. Meine Trefferquote, in aller Bescheidenheit, liegt bei über 80 Prozent. Anders ausgedrückt: 8 von 10 Aussagen über eine mir völlig unbekannte Person treffen buchstäblich ins Schwarze. Haben Sie eine Vorstellung davon, welche Erfolge für Sie möglich sind, wenn Sie im Umgang mit Menschen eine solche Trefferquote haben? Sie treffen auf einen unbekannten Gesprächspartner persönlich, via Telefon oder Email und erkennen sofort, wie dieser tickt. Sie erkennen nicht nur seine Kaufmotive. Sie wissen auch, wie Sie die Präsentation und das Angebot erstellen müssen, um ihn für sich zu gewinnen. Das Wissen um diese Person erleichtert Ihnen als Verkäufer auch die Einwandbehandlung. Das alles bringt Ihnen einen extremen Wettbewerbsvorteil ein.

Sie sehen, deshalb stelle ich mich gern vor ein Auditorium und behaupte, dass 20 Prozent und mehr Umsatzwachstum ein Leichtes sind.

Doch Achtung!

Kein Mensch ist nur rot, blau oder grün. Wir sind alle ein Mix aus allem. Ein bisschen rot, ein bisschen blau und ein bisschen gelb, wobei ein Charakter dominiert und damit die Richtung vorgibt. Für eine erfolgreiche Kommunikation gilt es, diese zu erkennen. Fragen Sie sich, sowie Sie mit anderen kommunizieren, zu welcher Farbe sie tendieren. Finden Sie heraus, ob Ihnen z. B. ein „Roter" gegenüber sitzt. Dann haben Sie es hier mit einem Machtmenschen zu tun. Der will, wie es sich schon aus der Beschreibung ergibt, Macht ausüben. Wenn Sie dem nun kommen mit: *„Herr Müller, ich weiß genau, was das Beste für Sie ist"*, können Sie Ihre Sachen zusammenpacken. Ein Machtmensch lässt sich von nichts und niemandem sagen, was er zu tun hat. Schon gar nicht akzeptiert er, dass ein anderer weiß, was für ihn, den Machtmenschen, gut ist. Was immer Sie ihm nun anbieten, er wird es ausschlagen oder aber das Gegenteil einfordern, nur um seine Machtposition nicht zu verlieren.

Treffen Sie dagegen auf einen „grün dominierten" Käufer, dann haben Sie es mit einem Menschen zu tun, für den Beständigkeit sehr wichtig ist. Was glauben Sie, wie groß ist Ihre Chance auf einen Vertragsabschluss, wenn Sie einem Grünen etwas von „neu", „innovativ" und „Sie sind der Erste, der von dieser Entwicklung erfährt" erzählen. Null! Das wird er nicht so deutlich zeigen, weil es nicht seinem Naturell entspricht. Deshalb hören Sie nur ein: *„Danke, Herr Verkäufer, für Ihr Angebot. Aber darüber werde ich noch eine Nacht schlafen müssen, bevor ich mich entscheide."* Dabei steht seine Entscheidung in diesem Moment bereits fest: Er wird kaufen, aber nicht bei Ihnen.

Sie sehen, wie spannend das Wissen um die „Farbenlehre" sein kann. Ich könnte Ihnen noch Dutzende weiterer interessanter Beispiele liefern, doch würde das den Rahmen dieses Beitrags sprengen. Ich möchte Sie daher einladen, mich einfach direkt anzusprechen, wenn Sie mehr Informationen benötigen, oder, noch besser, kommen Sie doch einfach in eines meiner zahlreichen Seminare. Es lohnt sich.

Einige hundert Jahre nach Hippokrates waltete im alten Rom Kaiser Marc Aurel (121-180) seines Amtes, das er mit großer Zuversicht ausübte. Von ihm stammt die Feststellung:

> *„Das Leben eines Menschen ist das, was seine Gedanken daraus machen."*

Was so einfach klingt, ist manchmal tatsächlich so einfach. Wer immer nur die schlechten Dinge im Leben sieht, kann sich unmöglich wohl fühlen. Wer dagegen positiv gestimmt ist und mehr Chancen als Risiken sieht, lebt nicht nur erfolgreicher und gesünder, sondern sogar noch länger. Zu dieser tollen Erkenntnis gelangte der renommierte „Glücksforscher" Prof. Dr. Martin E. Seligmann nach der Auswertung einer 30-Jahres-Studie mit 729 Testpersonen. Der Psychologe stellte fest, dass eine leicht pessimistische Grundhaltung das Sterberisiko statistisch um 19 Prozent erhöht. Umgekehrt wirkt es auch. Je optimistischer ein Mensch in die Zukunft blickt, desto länger wird er leben. So das Fazit einer weiteren Studie, diesmal von der Uni Pittsburgh. Die Wissenschaftler infizierten 420 Freiwillige mit Schnupfenviren. Das Ergebnis überzeugt: 62 Prozent der Pessimisten bekamen eine Erkältung. Bei den Optimisten war es nur ein Drittel (35 Prozent). Wille, Hoffnung und Optimismus, das sind die drei Säulen, die nicht nur vor Krankheit schützen, sondern Sie fit fürs Leben machen. Selbst wenn Sie kein Kämpfertyp sind, haben Sie gute Chancen, Ihr Leben positiver zu gestalten. Dazu Prof. Seligman: *„Den Willen und den Optimismus kann man bis ins hohe Alter trainieren. Man darf nur nicht aufgeben."* In diesem Sinne: Herzlich willkommen in Deutschland, in dem der Begriff Sanguiniker nur den wenigsten geläufig ist. Das, so hoffe ich doch sehr, habe ich mit diesem Beitrag ändern können.

 www.ag-seminare.de

atja Seifert

ustandsmanagement

ie Sekunde der Entscheidung

Katja Seifert
Zustandsmanagement
Die Sekunde der Entscheidung

„Man muss sich durch die kleinen Gedanken, die einen ärgern,
immer wieder hindurchfinden zu den großen Gedanken,
die einen stärken. "

Dietrich Bonhoeffer

„Ich möchte einen Augenblick in der Zeit. An dem ich mehr bin, als ich dachte,
sein zu können. Wenn alle meine Träume nur einen Herzschlag entfernt sind
und mir alle Antworten offenliegen ... Gib mir einen Augenblick in der
Zeit..." so sang es die inzwischen verstorbene Whitney Houston in
ihrem Song „One moment in time". Dieser Evergreen wird noch
immer tagein, tagaus im Radio gespielt, nicht zuletzt auch deshalb,
weil er schlichtweg „zeitlos" und sehr nah bei der Wahrheit ist. *„Du*
bist für dein ganzes Leben ein Gewinner, wenn du diesen Augenblick der Zeit
ergreifst, bring ihn zum Scheinen", heißt es in dem Song weiter. Damit
beschreibt sie sehr schön, auf wen es im Leben ankommt: auf einen
SELBST! Wer das verstanden hat und den Augenblick der Zeit zu
nutzen weiß, ist sein Leben lang ein Gewinner.

Tatsächlich kommt es immer auf den Augenblick an, weil Zeit relativ ist. Albert Einstein antwortete auf die Frage nach der Relativität:
„Wenn man zwei Stunden mit einem netten Mädchen zusammensitzt, meint
man, es wäre eine Minute. Sitzt man jedoch eine Minute auf einem heißen Ofen,
meint man, es wären zwei Stunden. Das ist Relativität. " Obwohl alle auf
diesem Planeten lebenden Menschen exakt 86.400 Sekunden pro
Tag zur Verfügung haben, erlebt und fühlt jeder diese Zeit anders.
Für den einen vergeht sie wie im Fluge, für den anderen will der
Zeiger auf der Uhr nicht schnell genug voranschreiten. Ich habe

einmal gelesen, dass wir Menschen die ersten 18 Jahre unseres Lebens genauso lang empfinden, wie die restlichen Jahre danach. Egal, ob wir 50, 70 oder 90 Jahre alt werden.

Was also ist Zeit?

Nun, wollen Sie den Wert eines Jahres ermessen, fragen Sie einen Abiturienten, der soeben durchgefallen ist. Um den Wert eines Monats zu ermessen, fragen Sie einen Kaufmann, der am Monatsende einen Kredit über eine sechsstellige Summe tilgen muss. Um den Wert einer Woche zu ermessen, fragen Sie den Kreuzfahrer, der eine Woche all-inclusive-Urlaub gebucht hat. Um den Wert einer Stunde zu ermessen, fragen Sie ein Liebespaar. Um den Wert einer Minute zu ermessen, fragen Sie den Bahnreisenden, der gerade seinen Zug verpasst hat. Um den Wert einer Sekunde zu ermessen, fragen Sie den, der durch eine Vollbremsung einen Auffahrunfall verhindern konnte. Um den Wert eines Bruchteils einer Sekunde ermessen zu können, fragen Sie einen Formel-1-Fahrer, der als Zweiter durchs Ziel rast. Um den Wert von einer Millionstel Sekunde ermessen zu können, fragen Sie die Physiker, die den Urknall im Universum erforschen.

Hier zeigt sich, dass wir allein entscheiden, wann wir uns wie fühlen. Leben ist Gefühl, ohne das ist kein Leben möglich. So einfach und doch alles andere als leicht. So wie man einem Unwissenden nicht das Gefühl beim Küssen beschreiben kann, so kann man einem Unerfahrenen keine Gefühle beschreiben, die er zuvor noch nie erlebt hat. Es gleicht dem Versuch, einem Blinden die Farben erklären zu wollen. Jeder muss seine eigenen Erfahrungen machen. So oft wie Eltern predigen, ihr Kind möge nie auf die heiße Herdplatte fassen, so oft ist es geneigt, selbiges zu tun. So lange es nicht weiß, was es heißt, eine heiße Herdplatte zu berühren, so lange wird es sämtliche Warnungen in den Wind schlagen. Gleich so wie es in Goethes „Faust" geschrieben steht: *„Gefühl ist alles; Name ist Schall und Rauch..."* hat das Kind – leider – doch die Erfahrung mit der heißen Herdplatte gemacht, werden die Warnungen seiner Eltern nie mehr auf taube Ohren stoßen. Nun hat es die Erfahrung dauerhaft gespeichert, sodass es nur einen „Wink" braucht, um sie abzurufen. Wer, wie eingangs erwähnt, leidenschaftlich geküsst hat, wird allein schon beim Gedanken daran gute Gefühle entwickeln, ohne dass sich zwei Lippen berühren.

Immer sind wir es selbst, die diese Gefühle in uns abrufen. Nie andere. Was wie selbstverständlich klingt, entzieht sich an anderer Stelle unserer Logik, obwohl die Gesetzmäßigkeiten dieselben sind. Mit Sicherheit hatten auch Sie sich in der Vergangenheit mehrere Ziele gesteckt, gepaart mit dem Ehrgeiz, sie in jedem Fall erreichen zu wollen. Bekanntlich kommt vor dem Erfolg der Schweiß, und so setzten Sie buchstäblich Himmel und Hölle in Bewegung, um am Tag X die Ziellinie zu überschreiten. In diesem Moment fiel die ganze Last von Ihren Schultern, während Sie gleichzeitig in eine Art Glücksrausch verfielen. Jahre danach werden Sie sich an diese Glücksmomente erinnern, weil sich diese zuvor im weitesten Sinne in den körpereigenen Zellen „eingenistet" haben, die mit ihrem Erinnerungssystem unbestechlich auf jede Situation individuell reagieren.

Dieses Erinnerungssystem ist in Momenten größter Glücksgefühle eine begrüßenswerte Einrichtung, zumal häufig schon der Gedanke an eine wunderbare Situation die ehemals erlebten Glücksgefühle neu auslöst, wie z. B. der erste Kuss, die erste große Liebe, das bestandene Abitur, der neue Job oder der Sieg in einem sportlichen Wettbewerb. Insofern haben wir es hier mit einer wunderbaren Einrichtung der Natur zu tun. Keine selbstlose allerdings! Denn das oberste Ziel der Natur ist das Überleben der Spezies. Diese Glücksmomente helfen, unsere Überlebenschancen zu sichern. Deshalb sind Liebe, Sex und Essen so schön. Sie machen Spaß, wir haben Freude und sind glücklich.

Leider kein dauerhafter Zustand, der ebenfalls von der Natur so gewollt ist. Glück macht übermütig, und wer nur Glück hat, wird unvorsichtig. Somit wäre er evolutionsgeschichtlich betrachtet leichte Beute für Tiger und Löwe geworden, wenn er sich vor lauter Glücksgefühlen über seine Jagderfolge den Bauch vollgeschlagen und dabei das Leben um sich herum „vergessen" hätte. Wir Menschen überleben, weil Glück kommt und geht. Dazwischen liegt das Leben mit all seinen Unwägbarkeiten. Damals wie heute. Somit sind die Momente ohne Glück alles andere als glücklos. Sie sind tatsächlich unser großes Glück, weil wir hier gefordert werden. Wir werden dazu angehalten, Probleme zu lösen, Aufgaben zu meistern und aufgrund der revolutionären Entwicklung stetig Neues dazuzulernen. Die damit verbundenen Erfolge wiederum führen zu neuen Glücksgefühlen.

An unserem Glück zu arbeiten hat viel mit Training zu tun. So wie die Muskeln der Oberarme durch Widerstände wachsen, so wächst auch in uns das Glück, je öfter wir Widerstände meistern. Es gilt, Widerstände als Herausforderung zu sehen und nicht als zerstörerische Elemente.

Sie selbst haben es somit in der Hand, gute Gefühle zu erleben. Die Fähigkeit dazu tragen Sie immer in sich. Sie sind aufgrund Ihrer Erfahrungen der gelebte Teil von Ihnen und damit immer vorhanden. Unwiderruflich. Doch die wenigsten nutzen dieses „Geschenk". Sie lassen viele ihrer positiven Gefühle nur zu, wenn bestimmte Regeln im Außen erfüllt werden. Vorausgesetzt, sie sind hierzu kompatibel, und genau das ist das Problem.

Das wunderbare Gefühl des Küssens in uns abzurufen fällt leicht, wenn wir eine Liebesszene beobachten. Tränen der Freude zu vergießen ist auch leicht, wenn wir in glücklicher Ehe leben und eines unserer erwachsenen Kinder zum Traualtar führen. Dagegen wird es uns partout nicht in den Sinn kommen, diese lebensbejahenden, aufbauenden und positiven Gefühle abzurufen, wenn unser Vorgesetzter gerade dabei ist, uns „einen Kopf kürzer" zu machen. Diese negative Situation nimmt uns sofort in Besitz, sodass wir den Rest des Tages mit schlechten Gefühlen und einer pessimistischen Grundstimmung verbringen. Dabei tragen wir doch die Fähigkeit in uns, zu jeder Zeit „glücklich" sein zu können (dürfen).

Botschaft Nr. 1:
Ich bestimme in jeder Sekunde, wie ich mich fühle.

Diese Botschaft würde fast jeder unterschreiben, und doch lebt das Gros der Menschen fremdbestimmt. Es lässt sich vom Wetter, von der Politik oder vom Lebenspartner häufig die gute Laune verderben. Welche Früchte dieses Verhalten trägt, wurde 1994 in einem interessanten Experiment[7] bestätigt. Der Zimmerkellner in einem Hotel in New Jersey betätigte sich hier zusätzlich als „Wetterfee". Bevor er allmorgendlich das Hotelzimmer eines Gastes betrat, zog er aus einem Stapel Karten, die er im Jackett mit sich trug, eine einzelne Karte. Darauf stand eine von vier Wettervorhersagen: „kalt und regnerisch", „kalt und sonnig", „warm und regnerisch" sowie „warm und sonnig". Das Besondere an diesem Hotel waren die Fensterscheiben. Sie waren zum einen schallisoliert, zum anderen so getönt, dass von drinnen das Wetter draußen nicht zu erkennen war. Das aber interessierte die Gäste, und so wurde der Zimmerkellner beim allmorgendlichen Servieren des Frühstücks nach der aktuellen Wetterlage gefragt. Unabhängig vom tatsächlichen Wettergeschehen nannte der Kellner das, was er zuvor auf einer der von ihm gezogenen Karten gelesen hatte. Danach verließ er den Raum.

Mit diesem Experiment wollte der US-amerikanische Psychologe Bruce Rind herausfinden, ob allein der Glaube an ein bestimmtes Wetter auf die Stimmung der Menschen einwirkt. Das Ergebnis war eindeutig. Der Kellner erhielt ein Drittel mehr Trinkgeld, wenn er den Gästen ein sonniges Wetter versprach, obwohl draußen das Gegenteil herrschte. Damit bestätigte sich, dass es keine direkten tatsächlichen sinnlichen Erfahrungen braucht, um das Verhalten von Menschen zu beeinflussen. Kleine Randnotiz von mir: Es war dem Bericht zu diesem Experiment nicht zu entnehmen, wie die Hotelgäste reagierten, nachdem sie festgestellt haben, dass sie Opfer einer Lüge geworden waren, weil es aus allen Wolken regnete, während der Kellner von sonnigem Wetter gesprochen hatte.

Das Experiment bestätigt aus meiner Sicht auch, dass unsere Gefühle unser Verhalten bestimmen. Das mag einer der Gründe sein, wa-

rum fast kein Fernsehsender ohne eine eigene Wettershow aus-
kommt. Vor Jahren noch reichte eine Wetterkarte mit ein paar
dahingesprochenen Informationen. Heute sind es etliche Minuten
mit eigenen Moderatoren, die ausführlich und live über das Wetter
der nächsten Tage berichten. Sprechen sie von sonnigen Tagen, geht
bei vielen Zuschauern das Herz auf. Bei Regen zieht es sich zusammen. Gut für den, der sich an Regentagen sein sonniges Gemüt erhält. Dem Regen ist es nämlich völlig egal, wie wir Menschen fühlen.
Zur Erinnerung: Auch an Regentagen können Sie „strahlen", wenn
Sie sich Ihrer „strahlenden" Gefühle erinnern – siehe Botschaft Nr.
1.

Illusionen

Dass viele genau das nicht können, also in negativen Situationen auf
„positiv" umschalten, ist verständlich, wenn auch nicht gewollt. Ich
nenne es die Illusion der Automatik, die nach diesem Muster arbeitet: „Wenn im Äußeren X passiert, stellt sich das Gefühl Y ein!"

Botschaft Nr. 2:
Machen Sie sich die Illusion der Automatik bewusst.

Der menschliche Verstand verfügt über eine unglaubliche, ja fast
schon unbegrenzte Speicherkapazität, die er unentwegt füllt. Unbewusst natürlich. Während wir bewusst in jeder Sekunde nur einige
Dutzend Eindrücke wahrnehmen, kann das Unbewusste in derselben Zeit zigtausend Daten, Informationen und Gefühle aller Art erfassen und speichern. Aus dieser Datenmenge leitet sich ein Teil unseres Verhaltens ab. Angenommen, Sie überqueren eine Straße. Hier
begegnen Sie einer Ihnen fremden Person, die, während sie an Ihnen
vorbeigeht, Sie anschaut und dabei eine Grimasse zieht. Unbewusst
löst diese Geste einen Reflex in Ihnen aus (siehe Botschaft Nr. 1),
und zwar auf Basis bisheriger Erfahrungen. Wenn Sie als Kind eine
auffällige Zahnspange trugen und eine für Ihr Gesicht viel zu große
Brille, waren Sie vielleicht häufiger Gegenstand des Spottes anderer

Kinder. Man sah Sie, zog eine Grimasse und warf Ihnen beleidigten Worte hinterher. Diese tiefsitzende negative Erfahrung mögen Sie bislang verdrängt haben, doch in bestimmten Situationen schleicht sie sich zurück. Hier in dem Augenblick, als die besagte Person von der Straße Grimassen ziehend an Ihnen vorbeigeht. So wie eine Medaille zwei Seiten hat, so haben Sie nun zwei Möglichkeiten, darauf zu reagieren: Sie schmollen und fragen sich, was in diesem Moment mit Ihnen nicht stimmt. Warum sonst sollte ein Ihnen fremder Mensch sich so beleidigend verhalten, als er Sie sah? Oder Sie messen dieser Situation überhaupt keine Bedeutung bei. Sie gehen einfach weiter, als wäre nichts passiert. Sie entscheiden in jeder Sekunde. Sie allein. Nie die Umstände.

Die Umstände zwingen Sie zu einer Entscheidung, die von Ihrer Konditionierung bestimmt wird. Dieser Begriff wurde vom russischen Physiologen Iwan Pawlow vor mehr als hundert Jahren geprägt. In einem Experiment mit hungrigen Hunden läutete er an einer Glocke, um ihnen danach das Futter zu zeigen, bevor sie es zu fressen bekamen. Diese Vorgehensweise konditionierte bzw. trainierte die Hunde so, dass sich bereits Speichel in ihrem Maul bildete, sobald nur die Glocke läutete, auch wenn kein Fressen zu sehen war.

Nicht nur Tiere reagieren reflexartig, sondern auch wir Menschen. Als Sie dem Partner/der Partnerin Ihres Lebens das erste Mal begegneten, hatten Sie wahrscheinlich nicht nur Schmetterlinge im Bauch, sondern Sie haben auch sein/ihr Parfum gerochen. Natürlich war das der schönste Duft der Welt. Nur für Sie! Außenstehende haben es anders gesehen. Bei Verliebten fahren die Hormone Achterbahn. Da ist alles außer Rand und Band. Deshalb hat sich der Duft dieses Parfums als olfaktorischer Reiz (Geruchssinn) tief in Ihr Unterbewusstsein eingebrannt. Wann immer Sie diesen Duft bei anderen Menschen riechen, erinnern Sie sich an die Momente, in denen der Himmel voller Geigen hing. Häufig selbst dann noch, wenn diese Partnerschaft schon längst beendet wurde.

Was Menschen erlernt haben, können sie im übertragenen Sinne auch wieder verlernen. Was wichtig ist, insbesondere dann, wenn bestimmte Konditionierungen zu psychischen Verstimmungen führen. Hierzu eine Übung: Aktivieren Sie nun Ihr Kopfkino, indem Sie sich an eine Situation aus der Vergangenheit erinnern, in der Sie auf Grund des Verhaltens eines anderen Menschen verärgert waren bzw. reagierten. Eine Situation, die Sie bisher nicht loslassen konnten. Sehen Sie diese Situation vor Ihrem geistigen Auge. Sobald das Bild klar ist, beantworten Sie folgende Fragen:

1. Was hat diesen Ärger/diese Angst bei Ihnen verursacht?

2. Können Sie sich an das erinnern, was gesagt oder getan wurde?

3. Erinnern Sie sich in diesem Zusammenhang an Gestik, Mimik, Tonlage, Berührung, Worte oder das Gefühl? Es könnte z. B. sein, dass Sie jetzt im Gespräch mit einer Ihnen bis dato unbekannten Person vertieft sind. Die Tonlage Ihres Gegenübers erinnert Sie an Ihren ehemaligen Geschäftspartner, der Ihnen gegenüber nicht ehrlich war. Wenn dieser Ärger unbewusst brodelt, wird nun durch besagte Tonlage Ihre Konditionierung wachgerüttelt: „Ich bin damals über den Tisch gezogen worden." Das ist der Auslöser für Ihren Ärger. Dahinter steht der Glaubenssatz: „Wer so mit mir redet, nimmt mich nicht ernst und sucht seinen eigenen Vorteil."

4. Angenommen, diese Regel, diese Vorstellung oder das Erlebte existiert gar nicht in Ihrem Kopf. Wie hätten Sie in der besagten neuen Situation reagiert? Genauso oder doch anders? Versuchen Sie, sich das „Anders" genau vorzustellen, um die damit verbundenen Gefühle wachzurütteln.

5. Versuchen Sie sich zu erinnern, warum Sie die vernichtende Regel aufgestellt haben. Wenn Sie wissen, dass nur Sie sich selbst schaden können, macht diese Regel keinen Sinn. Warum aber halten Sie an ihr fest?

Besonders Punkt 5 in meiner Aufstellung ist wichtig. Wir übernehmen häufig unbewusst Regeln von anderen und glauben, dass sie Recht haben. Man muss es uns aber auch nachsehen. Schließlich sind es häufig Eltern, Lehrer und Ausbilder, die uns mit ihren Ansichten und Meinungen beeinflussen. Dabei handeln sie in guter Absicht. Sie wollen belehren, um Schaden von uns fernzuhalten. Doch erkennen sie nicht, dass sie uns damit mehr schaden als helfen. Weil zu jung und unerfahren, können wir uns dem nicht entziehen. Somit übernehmen wir nicht selten „falsches Gedankengut" und wundern uns dann, dass die Erfolge ausbleiben. Diese Regeln sind es, die uns die Sekunde der Entscheidung, die immer da ist, nicht oder aber falsch nutzen lassen.

Das muss nicht sein!

Die Techniken des bewussten Zustandsmanagements räumen mit diesem „falschen" Verhalten auf. Mit ihnen ist es möglich, sich der Sekunde der Entscheidung wirklich bewusst zu werden. Jetzt können Sie die Situation neu abwägen, was in der Sekunde im Hier und Jetzt das „richtige" Verhalten ist. So werden wir vom „Getriebenen" zum Antreiber, der fortan alles in seinem Sinne regelt und sich selbst zum Besten treibt.

Wie an anderer Stelle erwähnt, haben die Götter vor den Erfolg den Schweiß gesetzt. Auch wenn wir Erlerntes verlernen können, so geht das nicht ohne Anstrengung. Daher gilt es, durchzuhalten, ansonsten sind Veränderungen kaum möglich. So wissen Sie natürlich, wie Sie die Schnürsenkel Ihrer Schuhe schnüren müssen, damit Sie bequem laufen können. Ich bin mir sicher, das können Sie unbewusst, ja fast schon im Schlaf. Nur erklären können Sie die Schritte dorthin nicht, weil Sie nicht wissen, welche Seite der Schnürsenkel Sie als Erste umschlagen. Unbewusst routiniert erledigen Sie das fast schon von selbst, aber es zu beschreiben ist so gut wie unmöglich. Daher eine Bitte an Sie: Öffnen Sie Ihre Schnürsenkel und binden Sie die Schuhe erneut. So wie Sie es immer tun. Ein leichtes Unterfangen. Nachdem Sie das erledigt haben, öffnen Sie erneut die Schnürsenkel und beginnen seitenverkehrt mit dem Schnüren. Diese ungewohnte Situation wird zur Herausforderung. Genauso wie die nächste.

Wie schlagen Sie Ihre Arme übereinander? So?

Dann probieren Sie es einmal anders herum, nämlich so:

Und umgekehrt natürlich. Schon schwieriger, zweifelsohne, aber nicht unmöglich. Je öfter Sie diese Übung anwenden, desto schneller werden sich die neuen Verhaltensmuster festigen. Das mag für das Übereinanderschlagen der Arme nicht wichtig sein, in anderen Lebenssituationen indes sehr wohl.

Ich vergleiche unsere Gedankenstrukturen mit einem wilden Trampelpfad. Sicher haben Sie schon beobachtet, dass zwei Grundstücke oft durch ein großes Blumenbeet getrennt sind. Will man nun von einem Grundstück aufs andere, führt in aller Regel der Weg um das Beet herum. Dieser Weg ist entsprechend lang. Deshalb wählt nun eine Person eine Abkürzung mitten durch das gepflegte Blumenbeet. Die Blumen werden billigend zertreten. Der darunter liegende Mutterboden festgestampft. Die anderen, die es gesehen haben, folgen dieser Person. Mit der Zeit entsteht an dieser Stelle ein Trampelpfad, der fortan von allen Menschen genutzt wird. Keiner läuft mehr um das Beet herum.

Weil erfolgreiche Persönlichkeiten um diese menschliche Schwäche wissen, handeln sie so wie ein Unternehmer, der einen Landschaftsarchitekten beauftragt, die Gartengestaltung um sein neu errichtetes Firmengelände zu planen. Doch bevor sich der Architekt ans Zeichenbrett setzt, bittet er den Unternehmer, auf dem gesamten Gelände Rasen ansäen zu dürfen. Der überraschte Unternehmer vertraut dem Planer und gewährt ihm die Bitte. Der Rasensamen wird ausgesät. Einige Wochen später strahlt die zuvor brachliegende Fläche im satten Grün eines englischen Rasens, der allerdings darunter leidet, dass die Mitarbeiter des Unternehmers keine Rücksicht nehmen. Sie überqueren die Fläche wie selbstverständlich. Am Ende des Sommers sind diese Grünflächen mit einem äußerst lebendigen Netz von breiteren und schmaleren Pfaden durchzogen. Je mehr sie begangen werden, desto intensiver sind die Spuren. Entsprechend diesem Muster lässt der Landschaftsarchitekt nun die Wege anlegen. Dadurch entsteht eine Anlage, die harmonischer, lebendiger und schöner ist als jede am Reißbrett entwickelte Wegplanung.

Mit unseren Gedanken verhält es sich ähnlich. Aus der Medizin wissen wir, dass Gedanken immer Reaktionen im Gehirn auslösen. Mit jedem Gedanken werden auch neue Verknüpfungen innerhalb der Nervenverbindungen erstellt. Es entsteht, vereinfacht ausgedrückt, eine Nervenautobahn. Über diese Autobahn rasen nun die Gedanken. Von diesen Autobahnen hat das Gehirn Millionen. Doch im Gegensatz zu „echten" geteerten oder betonierten Autobahnen in der gelebten Realität sind diese „weich" und veränderbar.

Wiederholt ein Mensch permanent einen quälenden Gedanken, wird dieser Gedanke immer wieder über dieselbe Autobahn geschickt, ohne Umleitung und Abfahrt. Deshalb wird am Ende der Autobahn immer wieder dasselbe Ziel stehen. Von den 60- bis 80-tausend Gedanken, die wir täglich (!) denken, sind 80 Prozent immer gleich, wenn sie nicht bewusst verändert werden. Denkt ein Mensch überwiegend negativ, überwiegen natürlich auch die negativen Gefühle. Im schlimmsten Fall können dadurch sogar Neurosen entstehen, die auf körperliche Ebene Schlimmes anrichten können. Manche grübeln immer wieder denselben Gedanken, andere müssen sich stündlich mehrfach waschen, andere prüfen siebenmal hintereinander, ob die Tür wirklich abgeschlossen ist. Mit der Technik des Zustandsmanagements lässt sich das ändern, denn unser Gehirn verhält sich wie Knetgummi. In jeder Sekunde verändern sich seine Strukturen, weil es eine ungeheure Formbarkeit aufweist, von der der Hirnforscher Prof. Dr. Zieglgänsberger sagt[8] :

> „Heute wissen wir, dass sich auch ein erwachsenes Gehirn ständig umformt. Für uns Hirnforscher ist dies eine wahnsinnig aufregende Zeit, als wären wir gerade dabei zu begreifen, dass die Erde keine Scheibe ist."

Ein Wunder der Natur

Unser Gehirn besteht aus nur rund 1.300 Gramm Gewebe, verfügt aber über 100 Milliarden Nervenzellen. Von allen Organen hat es den größten Energiehunger. Obwohl so klein, verbraucht es immerhin 20 Prozent des gesamten Energievolumens. Das mag auf den ersten Blick extrem erscheinen, doch bei der Leistung, die es vollbringt, ist es eher angemessen. So rasen z. B. die elektrischen Signale mit über 300 Stundenkilometern durch ein Labyrinth von Nervenzellen und finden doch ihren Weg. Forscher der Harvard Medical School fanden überdies heraus, dass sich bis zum Tag unseres Todes immer weitere neue Hirnzellen bilden dank eines geheimen Reparaturprogramms des Nervenzentrums. Es vernetzt das Hirn unter Umgehung beschädigten Strukturen, die neues Wissen aufnehmen können. Deshalb sind wir bis ins hohe Alter lernfähig. Anders ausgedrückt: Unser Gehirn lässt uns nie im Stich, vorausgesetzt, wir sind bereit, diese Veränderungen zuzulassen, indem wir ständig Neues hinzulernen.

Hirnforscher erkannten überdies, dass in unserem Kopf ein immerwährender Kampf tobt: alt gegen neu, Bewährtes gegen Revolutionäres. Ein Teil des Gehirns sorgt dafür, dass wir Gewohnheitstiere sind, während der andere Teil unterfordert ist. Das Kampfgewicht neuer und alter Hirnzellen entscheidet, welches Leben wir führen — ein ängstlich reduziertes oder ein mutig offenes. Dieser Zustand ist keineswegs statisch. Durch Anwendung des von mir entwickelten Zustandsmanagements ist es möglich, unser Gehirn in unserem Sinne zu programmieren.

Botschaft Nr. 3:
Je öfter Sie in einer gewohnten Situation bewusst neu „antworten" bzw. reagieren, desto schneller lösen sich alte Verbindungen der Nervenzellen, um für neue Platz zu schaffen.

Deshalb ist es so wichtig, nicht auf bessere Zeiten zu hoffen oder zu warten, bis der „richtige" Zeitpunkt gekommen ist. Veränderungen im Leben ergeben sich für den, der bereit ist, eines zu tun:

JETZT

zu starten, statt zu warten. Keine neue Erkenntnis eigentlich. Schon die Lateiner wussten darum. Mit ihrem „carpe diem" legten sie nahe, den Tag zu nutzen. Der Begriff geht zurück auf die Lebensregeln verschiedener Werke des römischen Dichters Horaz (65 v. unserer Zeitrechnung). In Odem I, 11,8 heißt es: *„Carpe diem quam minimum credula postero."* Zu deutsch: Nutze den Tag, nimmer traue dem nächsten. Es geht darum, den Augenblick zu leben und nicht darauf zu hoffen, dass die Zukunft alles irgendwie besser machen wird.

Mitte der 1970er-Jahre konnte niemand einem Schlager entkommen. Tagein, tagaus wurde er im Radio auf und ab gespielt. Monika Morell, eine Sängerin aus der Schweiz, fragte sich: *„Später, wann ist das?"* Eine Frage, die auf das Leben im Hier und Jetzt verweist. Es geht darum, nicht alles in Richtung Zukunft zu projizieren und damit auf später zu vertagen. Wörtlich heißt es an einer Stelle: *„Später. Wann ist das, hab ich ihn gefragt. Er hat nur gelacht und hat später gesagt. Obwohl ich ihn liebe, ließ ich ihn allein. Später, da kann es zu spät für mich sein. Später, wenn er reich ist, will er leben, dann will er auch noch den Armen was geben. Später, da wollte er glücklich sein, später, da wollte er vieles verzeihen … Nun hab´ ich es in der Zeitung gelesen: Später, das ist für ihn gestern gewesen. Später, das ist zu spät gewesen."*

Handeln Sie, bevor es zu spät ist. Meine besten Wünsche begleiten Sie.

www.afterworkpower.de

ubert Krane

Die ZuLo-Methode

ie schnellste Methode für den inneren Erfolg

Hubert Krane
Die ZuLo-Methode
Die schnellste Methode für den inneren Erfolg

*„Ihre Gedanken von heute werden morgen Ihre
Gedanken von gestern sein."*

Hubert Krane

Der Begriff ZuLo mag ein wenig afrikanisch klingen, hat seinen Ursprung allerdings in Deutschland. Auch habe ich mich nicht verschrieben. ZuLu, also mit einem „u" am Ende, ist ein Zeitbegriff, der häufig in der Luftfahrt, insbesondere der militärischen, verwendet wird. „Mein" ZuLo mit „o" ist ein Akronym, das sich aus zwei Silben zusammensetzt: „Zu" für „Zulassen" und „Lo" für „Loslassen". Was genau ich darunter verstehe, erfahren Sie auf den nächsten Seiten.

In einigen Bollywood-Filmen sind sie häufig zu sehen, die großen, mächtigen indischen Elefanten. Stark wie ein Stier, mutig wie ein Löwe und schlau wie eine Ratte. Womit sich der Zuschauer fragt, warum sich dieses wuchtige Tier von einem aus seiner Sicht viel kleineren Menschen an ein dünnes Seil nehmen lässt und ihm auf Schritt und Tritt folgt. Selbst wenn sein Begleiter eine Pause einlegt und hierzu das Seil um einen lächerlich wirkenden Pfeiler schlägt, also noch nicht einmal richtig festbindet, bleibt der Elefant stehen und wartet. Dabei könnte er mit nur einem Ruck das Seil zerreißen oder den Pfeiler aus dem Boden ziehen. Er könnte es, und doch lässt er es bleiben. Elefanten sind intelligent. Doch versagt hier an dieser Stelle die Intelligenz?

Nein, sein Verhalten ist antrainiert. Als „Baby" wurde er in schwere Eisenketten gelegt, die ihn am Wegtreten hinderten. Somit war er an diesen Ort gefesselt, was ihm nicht gefallen haben dürfte. So wie Babys eben sind, dürsten sie nach Freiheit. Sie wollen toben, sich bewegen und Spaß haben. Ein Elefant will Ähnliches. Also zog er als Baby immer und immer wieder an dieser schweren Kette, verbunden mit der Hoffnung, sie möge endlich reißen. Diese Hoffnung erfüllte sich nicht, stattdessen zog sich der kleine Elefant blutige Wunden zu, die durch das schwere Eisen verursacht wurden. Nach einigen Wochen hatte er begriffen: Sobald ich an etwas ziehe, verursacht das schlimme Schmerzen. Ziehe ich nicht, bleibe ich schmerzfrei. Diese bittere Erkenntnis hat sich tief in sein Bewusstsein eingebrannt, sodass es heute, Jahre später, nur noch eines kleinen Seils bedarf, um ihn, den Elefanten, an seine Abhängigkeit zu erinnern.

Ähnlich verhält es sich mit den Affen, die vorwiegend in den ländlichen Gegenden von Indien leben, so lange, bis sie von Menschen eingefangen werden. Ein leichtes Unterfangen für die Jäger, was kaum vorstellbar erscheint angesichts der „Affenschläue". Die Jäger haben verschiedene Möglichkeiten, Affen zu fangen, sie zu zähmen und dann als Haustiere weiterzuverkaufen. Illegal. Ja klar. Aber Not kennt kein Gebot.

Der Jäger nutzt z. B. einen teilweise hohlen Baumstamm mit einem kleineren Loch in der Mitte des Baums. Davor verteilt er ein paar Nüsse auf dem Boden und im Baum selbst. Dann zieht er sich zurück, um sich auf die Lauer zu legen. Lange warten muss er nicht. Die Primaten sind geradezu süchtig nach diesen Leckereien. Beherzt greifen sie eine Nuss nach der anderen, bis der Platz leergefegt ist. Aber da sind ja noch die Nüsse im Baum, auf den der schnellste der Affen in aller Eile klettert und mit einer „Hand" in das Innere greift. Nachdem er die Nüsse aufgelesen hat, ballt er die Hand zur Faust. Diese ist nun zu groß für das kleine Loch. Sie bleibt stecken. Der Affe müsste nur die Hand öffnen und die Nüsse fallen lassen, dann wäre er frei. Tut er aber nicht. In seiner grenzenlosen Gier kommt er nicht auf diesen simplen Gedanken. Selbst dann nicht, als der Jäger auf der Bildfläche erscheint. Jetzt schreit das Tier um sein Leben, schlägt wild um sich. Der ohrenbetäubende Lärm ist kaum auszuhalten. Das alles hilft nicht. Sein Schicksal ist besiegelt.

In beiden Fällen haben wir augenscheinlich das gleiche Rollenspiel. Der Jäger bzw. Elefantenführer als Täter, die Tiere als Opfer. Dieser Blick täuscht. Opfer wären sie, wenn sie sich aus ihrer Situation nicht selbst befreien könnten. Tatsächlich gibt es weder eine Falle noch eine Kette, die diese Tiere zu Opfern macht. Sie sind frei, weil niemand sie festhält, und doch sind sie Gefangene ihrer selbst. Sie sind es, die sich selbst „festhalten". Während der Elefant nur einen ruckartigen Schritt nach vorne tätigen müsste, um frei zu sein, bräuchte der Affe nur die Faust zu öffnen und er wäre in Freiheit. Beide müssten nur

Loslassen.

Sie tun es nicht und werden so zu Opfern.

Mit Häme und Spott über dieses geistlose Verhalten müssen wir uns zurückhalten. Wir Menschen sind in manchen Dingen keinen Deut besser. Unsere Situationen sind andere, oft sogar von weitaus größerer Dimension, aber unser Verhalten ist das gleiche: Versklavung durch falsche Konditionierung. Der Affe lässt sich durch seine Gier zu Fall bringen, der Elefant aus Angst vor Schmerzen, wir Menschen hingegen durch fehlendes Selbstbewusstsein und Selbstvertrauen. Das führt uns häufig zu den sieben Todsünden, die vor rund 1.500 Jahren vom griechischen Theologen Evagrius von Pontus verfasst wurden: *Völlerei, Wollust, Habgier, Traurigkeit, geistige Faulheit, Ruhmsucht und Stolz.*

Übertragen auf unsere heutige Zeit stehen diese u. a. für die (Hab)Gier nach Ruhm, Macht, Anerkennung und Reichtum. Deshalb glauben wir, nicht z. B. ohne ein eigenes Haus, einen Sportwagen oder teure Mode-Accessoires leben zu können. Doch ist es nicht das Materielle selbst, das uns versklavt, sondern unsere Einstellungen und Emotionen ihm gegenüber. Was nicht überrascht, denn so wie der Elefant schon zu Beginn seines Lebens „versklavt" wird, so erleiden auch wir Menschen häufig dasselbe Schicksal. Natürlich unbewusst, weil die, die uns versklaven, immer nur in bester Absicht handeln.

Pferd statt Auto

Bereits in jungen Jahren bemerkte ich, dass mich etwas so einengte, dass es mich nicht so sein ließ, wie ich gern gewesen wäre. Doch welche Chance haben Sie als kleines Kind innerhalb einer Familie, diesen Zustand eigenmächtig zu ändern? Keine. Ohnmächtig, also ohne Macht, schaut man auf den Lauf der Dinge, die so gar nicht nach eigenem Geschmack sind. Erst im reiferen Alter jenseits der 15 Jahre ist es möglich, sich neuen Raum zu schaffen. Das tat auch ich. Dieser Raum waren für mich mehr als 500 gelesene Bücher, Seminare unterschiedlichster Art und Ausbildungen, deren Summen im fünfstelligen Bereich lagen. So erkannte ich, warum wir oft daran gehindert werden, die Dinge zu tun, die wir tun müssten, aber unterlassen.

Sicher kennen auch Sie die Momente, in denen Sie genau spürten, was zu tun war und doch haben Sie es nicht getan. Sie standen im übertragenen Sinne mit dem rechten Fuß auf dem Gaspedal, während der linke das Bremspedal durchdrückte. In diesem Zustand ist es kaum möglich, sich auch nur einen Zentimeter zu bewegen. Nun haben wir weder Gas- noch Bremspedal in unserem Körper. Wir sind ja nur aus Fleisch und Blut.

In der Analogie ist das Gaspedal unser Wille, das Bremspedal die innere Stimme. Der Wille ist hochemotional. Er gibt uns das Gefühl, selbstgesteckte Ziele erreichen zu können. *„Des Menschen Wille, das ist sein Glück"*, heißt es bei Friedrich Schiller. Dieses Glück macht uns häufig die innere Stimme zunichte. Man könnte glauben, sie wolle alles, nur keinen glücklichen Menschen, so emotionslos verhält sie sich uns gegenüber. Sie kommt „gefühlt" aus dem Nichts, und jeder fragt sich, woher kommt sie eigentlich wirklich? Sie brabbelt uns ständig ins Gewissen, tags wie nachts. Spielt sich mehr als Mahner denn als Förderer auf. Sie ist ein Energiesauger, weil sie uns daran hindert, das zu tun, was wir wollen. Wir wollen abnehmen (Wille). Bei dem Gedanken daran fühlen wir uns gut (Emotionen). Doch mahnt die innere Stimme vor dem Jo-Jo-Effekt. Also unterlassen wir es, abzunehmen. Wir wollen das Rauchen aufgeben. Unser Gefühl sagt uns, dass es gut für unsere Gesundheit ist und wir sogar deutlich länger leben, wenn wir die Lungentorpedos aus dem Hals lassen. Die innere Stimme erinnert uns an den „beruhigenden Einfluss" der Zigarette in stressigen Situationen. Im Übrigen hätten wir mehrfach erfolglos versucht, dem Glimmstängel abzuschwören. Also rauchen wir weiter. Wir wissen, dass wir nur dann auf der Karriereleiter einen entscheidenden Schritt nach vorne machen werden, wenn wir bereit sind, uns auf unserem Fachgebiet weiterzubilden. In Gedanken sehen wir uns bereits in einer neuen beruflichen Position. Die innere Stimme ermahnt uns, dass wir für dieses Ziel die Familie vernachlässigen würden. Auch hätten wir ohnehin zu wenig Zeit, um nach Feierabend noch die Schulbank zu drücken. Überhaupt ist so schon der Alltag stressig genug. Also unterlassen wir die Bildung und überlassen anderen den Vortritt, denn das ist die logische Konsequenz, die sich aus jedem Nichtstun ergibt. Bekanntlich haben die Götter vor den Erfolg den Schweiß gesetzt. Ohne Fleiß bekanntlich kein Preis!

Henry Ford, einer der größten Autopioniere seiner Zeit, sagte: *„Wenn ich die Menschen danach gefragt hätte, was sie wollen, hätten sie nach schnelleren Pferden verlangt."* Mit anderen Worten: Er und nicht die Befragten wusste, wohin die Reise geht. Er sah das Auto, während andere Menschen noch an das Pferd glaubten. Ähnlich verhält es sich mit dem Wissen um unser Leben. Wer Veränderungen im Leben will, glaubt, er müsse nur den inneren Schweinehund überwinden. Glauben Sie mir, das ist ein Hund, der treu ist. Der kommt immer wieder. Den werden Sie nie los. Haben Sie sich von einem inneren Schweinehund verabschiedet, weil Sie endlich das Rauchen aufgegeben haben, kratzt der nächste an der Tür Ihres Verstandes und bittet um Einlass. Sobald sich diese Tür nur einen Spalt öffnet, nistet sich dieses Tier ein. Für ein ausgeglichenes Leben geht es um weit mehr, als nur den inneren Schweinehund zu bekämpfen. Kampf ist per se ein schlechter Ratgeber. Damit würden Sie einige, aber längst nicht alle Probleme lösen. Sie müssen, ähnlich wie Henry Ford, den Mut haben, Dinge anzugehen, von denen die Welt noch nicht glaubt, dass es sie gibt. So wie sich Anfang der 1900er-Jahre kaum jemand vorstellen konnte, dass jede Familie eines Tages ein eigenes Auto besitzen würde, so kann sich heute kaum jemand vorstellen, dass es Methoden gibt, mit denen man sein Leben dauerhaft und nachhaltig verändern kann, und zwar in allen Bereichen und nicht nur zu einem Thema. Dafür steht meine ZuLo-Methode.

Affengeschnatter

Bis zum 6. Lebensjahr sind wir Menschen in einer Art Hypnose unterwegs. Ungefiltert „saugen" wir Informationen, Hinweise, Daten und Nachrichten von Eltern, Freunden, Bekannten, Lehrern, Onkel, Tanten, Oma und Opa auf. Kurzum: Von allen Menschen, die uns täglich begegnen. Wir glauben ihnen ihre Äußerungen, nicht zuletzt auch des Alters wegen. Was sie uns sagen, ist für uns wahrhaftig. Und so füllt sich mit jedem Tag ein bisschen mehr unser „Erinnerungsspeicher", der das Erlebte dauerhaft verankert. Da kommt eine ungeheure Menge zusammen. Jeder Tag hat 86.400 Sekunden, in denen sich das Leben abspielt. Das sind mehr als 31 Millionen Sekunden pro Jahr. In sechs Lebensjahren kommen wir so auf mehr als 189 Millionen Sekunden. Das zeigt, welches zeitliche Volumen wir anderen geben, uns mit ihren Weisheiten und Belehrungen zu bevormunden. So wie der stete Tropfen den Stein höhlt, so formt uns das Leben. Je öfter sich etwas wiederholt, desto mehr werden wir davon „geformt", positiv wie negativ, bewusst wie unbewusst. Mit diesem Verhalten stehen wir dem „Pawlowschen Hund" in nichts nach.

Die Bezeichnung geht zurück auf das bekannte Experiment eines russischen Forschers namens Iwan Petrowitch Pawlow, der hier den Nachweis der klassischen Konditionierung erbrachte. Anfang des letzten Jahrhunderts erkannte Pawlow, dass bei in Zwingern lebenden Hunden die Schritte des Besitzers, der ihnen u. a. auch das Futter bringt, den Speichelfluss auslöst, obwohl kein Futter zu sehen ist.

Diese Feststellung wollte Pawlow empirisch beweisen. Sobald einem Hund das Futter gereicht wird, setzt beim Tier der Speichelfluss ein. Pawlow ließ einen Glockenton erklingen, der beim Tier keine Reaktion auslöste. Die gab es erst, als dieser Glockenton parallel zur Darbietung von Futter ertönte. Der Gong ertönte, das Futter wurde gereicht. Diese Konditionierung führte im weiteren Verlauf zum Speichelfluss, sobald der Gong ertönte, obwohl kein Futter gereicht wurde.

Verantwortlich für das Verhalten der Tiere ist ein „unterbewusster Prozess", der außerhalb der bewussten Steuerung liegt. Mit Verlaub, hier steht der Mensch dem Tier in nichts nach. Experten sind davon überzeugt, dass nur 5 Prozent unseres Tuns und Handelns bewusst und 95 Prozent unbewusst ablaufen. Das ist der Grund, weshalb wir am Morgen aufwachen, ohne über Nacht im Kissen erstickt zu sein. Deshalb können wir essen, ohne zu erbrechen. Wir vergessen das Luftholen genauso wenig wie das Schlucken. Auch brauchen wir keine Anzeige, wann gewisse Teile des Körpers entleert werden müssen. Der meldet sich rechtzeitig, sodass er nie überlaufen kann. Das alles ist nur deshalb möglich, weil wir, vereinfacht gesagt, einen Verstand haben, der aus zwei Teilen besteht, und zwar aus

- einem bewussten und
- einem unbewussten

Bereich. Der bewusste Teil unseres Verstandes wird durch unsere Persönlichkeit geprägt und „gesteuert". Hier lösen wir Probleme, planen für die Zukunft und denken an die Vergangenheit. Der Verstand „lernt" durch Eindrücke, Erfahrungen und Training. Wenn wir schlauer werden wollen, lesen wir ein Buch, hören Radio, schauen ins Internet oder in den Fernseher. Kurzum: Wir haben die Macht über unseren Verstand, weil wir selbst entscheiden. Dieser Macht und Entscheidungsfreiheit entzieht sich der unbewusste Teil unseres Verstandes gänzlich. In ihm sitzen die Gewohnheiten. „Schlimmer" noch, er lernt durch sie. Während das Bewusste abwägen kann zwischen gut oder schlecht, richtig oder falsch, sein oder nicht sein, wägt das Unbewusste nicht ab. Es trifft auch keine Entscheidungen. Es weiß nicht, ob das, was wir gerade denken, gut oder schlecht für uns ist. Es denkt und verhält sich damit wie ein Diktiergerät. Ein solches Gerät ist ohne Inhalt wertlos. Der Inhalt und nicht das Gerät entscheidet über Wertigkeit. Wobei Sie als Benutzer eines solchen Gerätes allein entscheiden, was sie dort hineinsprechen. Das Gerät zeichnet diese Inhalte so lange auf, bis Sie die Stopptaste drücken oder das Bandende der Kassette (oder des Speichers) erreicht ist, ohne zwischen guten wie schlechten Informationen zu unterscheiden. Es stoppt die Aufnahme auch nicht automatisch, sobald Sie etwas Schlechtes sagen.

Nach diesem Prinzip arbeitet das Unbewusste. Es schläft nie, ist immer auf Stand-by und seine Erinnerung ist grenzenlos. Ob ZDF, also Zahlen, Daten und Fakten, ein Fußballspiel, eine Oper, eine Auseinandersetzung, ein Sieg, was auch immer wir erleben, es findet seinen Weg ins Unbewusste. Das ist grundsätzlich auch nicht falsch, schließlich wäre der bewusste Teil mit der Speicherung hoffnungslos überfordert. Zudem würde es seine Entscheidungsfindung beeinflussen. Der Vorteil des Unbewussten ist, dass wir ihm Aufgaben delegieren können, die es dann fast automatisch, eben aus unserer Sicht nicht mehr bewusst, ausführt. Somit ist der bewusste Teil in uns „freier".

Als ich mich das erste Mal hinter das Steuer eines Autos setzte und der Fahrlehrer mir zeigte, wie ich das Ungetüm in Bewegung bringe mit all den vielen Pedalen, Schaltern, Knöpfen und dem Lenkrad, schwitzte ich Blut und Wasser. Krampfhaft hielt ich das Steuer in der Hand, die Augen starr nach vorne und alles Denken auf die Straße und die Füße gerichtet. Kupplung treten, Gang einlegen, Gas geben, Kupplung langsam kommen lassen, ohne den Motor abzuwürgen, all das überforderte mich. Zunächst. Bereits nach einiger Zeit war die Anspannung quasi verflogen und das Autofahren wurde zum Genuss. Während der Fahrt konnte ich mich nun schon mit dem Fahrlehrer unterhalten. Sicher überquerte ich eine Kreuzung bei Grünlicht und fragte mich im selben Moment, ob ich „freie Fahrt" hatte. Mein Unterbewusstsein war inzwischen so konditioniert, dass es neben den „normalen Tätigkeiten des Autofahrens" auch das

Verkehrsgeschehen scannte. Es hätte „automatisch" den Reflex zum Bremsen ausgelöst, wäre die Ampel auf „Rot" umgesprungen.

In solchen Momenten sind wir dankbar für diese Fähigkeit in diesem Teil unseres Verstandes. Weil es nicht fragt, ob wir bei Rot einer Ampel reflexartig auf die Bremse treten wollen, lässt es uns treten. Weniger dankbar für Reflexe unterschiedlichster Art sind wir ihm in anderen Situationen des Alltags, z. B. wenn wir den Partner fürs Leben suchen. Trotz aller Bemühungen erhalten wir einen Korb nach dem anderen. Selbst wer hart im Nehmen ist, wird irgendwann glauben, dass all diese Ablehnungen etwas mit ihm zu tun haben. Nur weil uns ein verschwindend geringer Teil des anderen Geschlechts ablehnt, gemessen an der Bevölkerung, sind wir weiterhin ein wertvoller Mensch. Doch führt die häufige Ablehnung zu einer falschen Konditionierung des Unbewussten: *„Ich bin schlecht"; „Niemand mag mich"; „Ich sehe hässlich aus"; „Ich bin es nicht wert, geliebt zu werden"*; etc. Mit dieser Einstellung wird es nicht nur immer schwieriger, unbefangen auf die nächste Dame oder den nächsten Herren seines bzw. ihren Herzens zuzugehen, sondern auch hoffnungsloser. SEP lässt grüßen. SEP ist keine Abkürzung vom bayerischen Vornamen Sepp (Josef). Es steht für „selbsterfüllende Prophezeiung" (engl. self-fulfilling prophecy). SEP ist eine Vorhersage, die sich deshalb erfüllt, weil sich das Vorhergesagte, meist unbewusst, so verhält, dass es sich erfüllen muss[9].

Das Grundproblem neben der Konditionierung ist, dass 70 Prozent unserer „unbewussten" Gewohnheiten negativ sind. Das ist deshalb so „schlimm", weil ja nur 5 Prozent unseres Verhaltens vom bewussten Teil des Verstandes gesteuert werden, 95 Prozent vom unbewussten. Deshalb wird unser Leben überwiegend von unbewussten Programmen gelenkt, die, wie erwähnt, zu 70 Prozent negativ besetzt sind.

Muss man sich dann noch über solche Schlagzeilen wundern?

- Zahl der Depressionskranken steigt dramatisch[10]
  2010 landeten doppelt so viele Menschen wegen Depressionen im Krankenhaus wie zehn Jahre zuvor.

- Zahl der Depressionen wird bis 2020 deutlich ansteigen[11]

- Deutsches Ärzteblatt: Zahl der Depressionen und Burn-out-Fälle steigt

- AOK: Zahl der Burn-out-Erkrankungen steigt

Nicht immer ist es einfach, ein bestimmtes Verhaltensmuster zu erklären. Es ist selten nur ein Ereignis, das zu einer grundsätzlichen Konditionierung beiträgt. Wenn uns diese Ereignisse stören, müssen wir sie beseitigen, doch können wir nur etwas beseitigen, wenn wir wissen, wo wir ansetzen müssen. Einen Plattfuß am Auto können Sie nur beheben, wenn Sie den Reifen austauschen. Dazu müssen Sie das richtige Werkzeug haben und den Sitz der Schrauben kennen, um sie zu lösen. Erst dann haben Sie das Problem, hier platter Reifen, gelöst.
In Sachen „Brain und Geist" fehlt es an Schrauben und dem entsprechenden Werkzeug. Es braucht andere Ansätze, um hier im übertragenen Sinne einen Schaden zu beseitigen. Eine Blaupause dafür gibt es allerdings nicht. So individuell der Fingerabdruck des Menschen ist, so individuell sind auch seine Konditionierungen. Deshalb braucht es die ZuLo-Methode, die auf die Persönlichkeit eines jeden Einzelnen eingeht.

Wie erwähnt, ist der unbewusste Teil unseres Verstandes mit einem Diktiergerät vergleichbar. Nie würden Sie auf die Idee kommen, dieses Gerät mit negativen Glaubenssätzen zu besprechen, um beim Abspielen lebensbejahende zu hören. Auf einen solchen verrückten Gedanken käme kein Mensch. Umso bemerkenswerter, dass wir genau das glauben, wenn es um unsere eigenen Gedanken geht. Ständig umkreisen uns Ängste, Sorgen und negative Gedanken, während wir gleichzeitig darauf hoffen, schon bald einer neuen Liebe zu begegnen oder einen neuen Job zu finden. Ganz zu schweigen von unseren Träumen nach mehr Geld. Im anderen Fall nähern wir uns einer neuen Aufgabe und hoffen, sie bestmöglich erledigen zu können, während gleichzeitig die „innere Stimme" mahnt: *„Das kannst du nicht"; „Das hast du noch nie geschafft"; „Begreif endlich, dass du solchen Dingen nicht gewachsen bist".* Jetzt kann der bewusste Teil Ihres Verstandes wollen, wie er will, er wird die Aufgabe nicht mehr erledigen können. Der Aktion folgt die Reaktion auf dem Fuße, und das in allen Lebenslagen.

Aktion   innere Bewertung   Reaktion

Nehmen wir an, Sie sind mit einem Hund aufgewachsen, der Ihnen als ein echter Freund zur Seite stand, weshalb sie mit ihm nur angenehme Erinnerungen verbinden.

Aktion : Sie sehen einen fremden Hund.

Innere Bewertung : Hunde sind lieb, friedlich, treu, zuverlässig.

Reaktion : Sie nähern sich dem Hund ohne Angst.

Nun besaßen Sie als Kind keinen eigenen Hund. Stattdessen wurden Sie von Nachbars Hund ins Bein gebissen. Deshalb könnte die vorherige Situation jetzt so aussehen:

Aktion : Sie sehen einen fremden Hund.

Innere Bewertung : Hunde sind gefährlich, bissig, aggressiv.

Reaktion : Panik steigt in Ihnen auf. Sie vergrößern den Abstand zum Tier.

Ein anderes Beispiel aus dem Alltag:

Aktion   : Sie möchten etwas kaufen und haben in der Vergangenheit gute Erfahrungen mit Verkäufern und Händlern gemacht.

Innere Bewertung : Vertrauen gegenüber Verkäufern. Sind „auch nur Menschen", die mir etwas verkaufen wollen. Leben und leben lassen.

Reaktion   : Positiv und aufgeschlossen gehen Sie in das Verkaufsgespräch.

Schauen wir uns an, wie es um Ihre Konditionierung bestellt ist, wenn Sie von schlechten Erinnerungen geplagt werden. So haben Sie z. B. einen Artikel für 100 Euro gekauft und der Verkäufer sicherte Ihnen zu, dass dieses Produkt / dieser Artikel in den nächsten Monaten nicht günstiger zu haben sein würde. Drei Wochen später lesen Sie in der Zeitung von einem anderen Anbieter, der das gleiche Produkt 70 Euro günstiger anbietet.

Aktion   : Sie möchten etwas kaufen.

Innere Bewertung : Großes Misstrauen gegenüber Verkäufern. Sind alles Verbrecher, Diebe, Gauner und Gesindel. Man muss höllisch aufpassen, nicht über den Tisch gezogen zu werden.

Reaktion   : Innerer Stress, Missmut, Aggressivität und „auf Krawall" gebürstet.

Daraus folgt:

So wie wir die Welt wahrnehmen, so stellen wir uns darauf ein!

Ihre unterschiedlichen Reaktionen sind vergleichbar mit den Elefanten und den Affen (siehe vorheriges Kapitel). Die, die Ihnen einen Schaden zugefügt haben, sind schon längst aus Ihrem Leben verschwunden, weshalb sie Ihnen nicht mehr schaden können. Die, auf die Sie nun treffen, definieren Sie als Feindbild, während Sie die Opfer-Haltung einnehmen. So wie der Affe nicht Opfer des Jägers ist, sondern Opfer seiner eigenen Geisteshaltung, so sind Sie nie das Opfer eines anderen, sondern Opfer Ihres eigenen Denkens und Handelns. Durch die negativen Erfahrungen mit einem Verkäufer verdrehen Sie unbewusst die Realität, indem Sie in allen Verkäufern „Verbrecher" sehen. Das ist eine Annahme, die nur in Ihrem Kopf stattfindet und nichts mit der Wirklichkeit da draußen zu tun hat. Obwohl wir das ganz genau wissen, sind wir doch in unserer eigenen Konditionierung so stark gefangen, dass wir uns gar nicht anders verhalten können.

Damit stehen wir vor dem zentralen Problem allen Denkens:

Der Verstand denkt – der Verstand lenkt!

Richtig heißen müsste es: Das Bewusste denkt, das Unbewusste lenkt, denn beide sind Bestandteile eines Ganzen, des Verstandes.

Der bewusste Teil unseres Verstandes ist ständig damit beschäftigt, die Dinge im Hier und Jetzt zu erledigen. Ein Fulltime-Job eben. Arbeiten Sie z. B. als Lagerist, gilt Ihre Aufmerksamkeit in diesem Moment den Gabelstaplern, die in der Halle herumfahren. Als Telefonverkäufer sind Sie gerade damit beschäftigt, Ihrem Kunden ein lukratives Angebot zu unterbreiten, in der Hoffnung, er nimmt es an und beschert der Firma damit einen hohen Umsatz. Der Chirurg im OP operiert gerade das Knie, während die Krankenschwester im Nebenzimmer einem Kind die Wunde verbindet. Das alles ist nur möglich, weil sie alle mit „vollem Verstand" bei der Sache sind. Und weil das so ist, kontrolliert in diesem Moment niemand das Unbewusste. Es ist, als würden sie einen wilden Stier von der Leine lassen, während sie damit beschäftigt sind, ein rotes Tuch aufzuhängen. Wenn 70 Prozent unserer Gewohnheiten negativ besetzt sind, geraten diese 70 Prozent außer Kontrolle in dem Moment, in dem Sie mit dem bewussten Teil Ihres Verstandes den Alltag regeln.

Das führt zu diesem unsäglichen Affengeschnatter. So nennen Buddhisten quälende Gedanken, die permanent im Kopf kreisen. Verschiedene Studien kommen hier zu unterschiedlichen Ergebnissen. Einig ist man sich, dass es mehr als 50.000 Gedanken sind, die uns jeden Tag durch den Kopf gehen. Im schlimmsten Fall, und auch darüber herrscht Einigkeit, sind es sogar 100.000. Bemerkenswert an dieser Zahl ist die Tatsache, dass es täglich nur 3.000 bis 5.000 Gedanken sind, die „neu" dazu stoßen. Der Rest wiederholt sich wie bei einer defekten Schallplatte. Für die jüngeren Leser unter uns: Das sind kleine schwarze Scheiben aus Polyvinylchlorid. Im Zeitalter von MP3-Playern und USB-Sticks kaum noch bekannt.

„Enttäuschungen sollte man verbrennen und nicht einbalsamieren", schrieb der US-amerikanische Schriftsteller Mark Twain. Ein weiser Vorschlag, doch steht die Frage im Raum, wie Sie Gefühle, nichts anderes sind Enttäuschungen, verbrennen, die tief in Ihnen stecken. „Man muss den Stier bei den Hörnern packen", sagt eine Redensart. In unserem Fall das Unbewusste. Hier sitzen die Probleme. Nur hier lassen sie sich auch lösen. Gutes Zureden allein ist wenig hilfreich. Das Unbewusste reagiert nicht auf Sprache, sondern nur auf Bilder und Gefühle. Echte Gefühle, versteht sich. Wenn Sie sich vorstellen, eines Tages reich zu sein, damit aber kein gutes Gefühl verbinden, werden Sie keine Chance auf Reichtum haben. Erst wenn Vorstellung und Gefühl eins sind, eine Symbiose eingehen, erreichen Sie das Unbewusste. Dann haben Sie eine realistische Chance auf Veränderungen.

Das Unbewusste kennt keinen Unterschied zwischen Realität und Vorstellung. Deshalb können Sie es überlisten, indem Sie so tun als wäre das, was Sie denken, Realität. Wer's nicht glaubt, sollte sich jetzt bitte einmal vorstellen, wie er herzhaft in eine große gelbe Zitrone beißt. Ich bin mir sicher, dass, ähnlich wie beim Pawlowschen Hund, Ihr Speichelfluss aktiviert wird. Obwohl Sie keine echte Zitrone zur Hand haben, reagiert Ihr Unbewusstes wie beschrieben.

Dass Ihr Unbewusstes keine Wörter versteht, zeigt folgendes Beispiel: „Denken Sie bitte nicht an eine rosafarbene Giraffe auf einem blauen Fahrrad. Bitte nicht daran denken." Und, wie ist es Ihnen ergangen? Sie haben daran gedacht, weil das Unbewusste „nicht" nicht kennt.

Dieser Nachteil wird zum Vorteil, wenn es darum geht, unserem Leben eine neue Richtung zu geben.

Worauf Sie Ihre Aufmerksamkeit richten, das wird sich verstärken. Deshalb visualisieren z. B. Spitzensportler ihre Leistungen. Sie konzentrieren sich auf ein Ziel, welches sie im Geiste tausendfach erreicht haben. Materie folgt Geist und nicht umgekehrt. Was man selbst für realistisch hält, wird sich somit schnell in der Umwelt manifestieren. Diese Erkenntnisse wurden bereits mehrfach wissenschaftlich nachgewiesen, wie u. a. in den 80er-Jahren durch ein sehr interessantes und eindrucksvolles Forschungsprojekt. Studenten, die allesamt gute Basketballspieler waren, wurden in drei Gruppen eingeteilt. Die erste Gruppe trainierte wie gewohnt. Die zweite Gruppe absolvierte täglich ein mentales Training sowie ein halbstündiges Zusatztraining im gezielten Körbewerfen. Die dritte Gruppe übte das Körbewerfen nur in ihrer Vorstellung. Nach einem Monat traten alle drei Gruppen zum Körbewerfen an. Das Ergebnis war verblüffend: Die erste Gruppe hatte sich nicht verbessert. Die zweite Gruppe traf ein Viertel mal mehr Körbe als vorher. Die dritte Gruppe, also die Studenten, die das Körbewerfen nur im Kopf trainiert hatten, traf 23 Prozent öfter den Korb als vorher. Die dritte Gruppe verbesserte sich damit fast genauso stark wie die zweite Gruppe, die zusätzlich ein intensives Praxistraining absolviert hatte. Damit wurde bewiesen, dass die gedankliche Vorwegnahme eines Ereignisses den gleichen Effekt hat wie das Tun.

Wie ein selten beanspruchter Muskel laufend trainiert werden muss, damit er zu Kräften kommt, so muss auch die Visualisierung ständig trainiert werden. Wichtig ist, die Gedanken zunächst zu sortieren und auf einen Punkt auszurichten. Klingt einfach, ist aber alles ande-

re als leicht. Konzentrieren Sie sich bitte für fünf Minuten auf einen Punkt, ohne sich ablenken zu lassen.
Stopp – nicht weiterlesen.

Lesen (sagen) ist bekanntlich nicht tun. Wie wollen Sie etwas nachhaltig verändern, wenn Sie dem Gelernten keine Taten folgen lassen? Daher nochmals meine Bitte: TUN!

Auch wenn es schwierig ist, sollte Sie das nicht davon abhalten, es immer und immer wieder zu tun, so lange, bis es Ihnen gelingt. Ansonsten behält der römische Philosoph Seneca Recht: *„Nicht weil es schwer ist, wagen wir es nicht, sondern weil wir es nicht wagen, ist es schwer."*

Sein „Unbewusstes" kontrollieren zu wollen, hat auch immer etwas mit Gedankenhygiene zu tun. Wenn Ihr Verstand wieder einmal damit beschäftigt ist, den Alltag zu meistern, meldet sich zwischendurch die innere Stimme zu Wort. Sie haben gelesen, warum das so ist. Diese innere Stimme können Sie nicht abstellen, genauso wenig wie Sie nicht hören können oder nicht riechen wollen. Also macht es keinen Sinn, sich ihr in den Weg zu stellen und sie zu bekämpfen. Kampf hat noch nie einen wirklichen Sieger hervorgebracht, sondern immer nur die Liebe. Lieben Sie, im übertragenen Sinne, Ihre innere Stimme. Dann nämlich ist es leichter, sie zu beobachten. Permanentes bewusstes Hinschauen auf das, was das Unbewusste an Affengeschnatter sendet, schafft „Bewusstsein" (sich etwas bewusst sein im Sinne von bewusst machen) und damit die Grundlage für eine Veränderung. Lassen Sie die alten Gedanken los, während Sie neue zulassen, am besten mit der ZuLo-Methode.

Das ist der erste Schritt dieser umfangreichen Methode. Es gilt, die negativen Gedanken zu stoppen und durch positive zu ersetzen. Durch bewusstes Hinschauen und Wahrnehmen ist das möglich. Damit brechen Sie mit der negativen Gewohnheit und geben neuen positiven Gewohnheiten Raum. Denn am Ende schaffen Sie sich durch Ihre inneren Überzeugungen Ihre Realität.

Schön, dass Sie sich die Zeit genommen haben, um meinen Beitrag zu lesen. Jetzt wissen Sie, warum ich die ZuLo-Methode entwickelt habe, die um ein Vielfaches umfangreicher ist, als es dieses Buch hier wiedergeben könnte. Viel wichtiger als das geschriebene Wort ist für mich zudem die Handlung, weshalb ich auch weiterhin als Coach und weniger als Autor arbeiten werde. Vieles lässt sich leicht schreiben, doch noch immer ist das persönliche Gespräch die beste Grundlage für eine erfolgreiche Umsetzung. Deshalb sind Trainer unverzichtbar. Selbst der Fußballverein Bayern München mit dem teuersten Kader und den (fast) besten Spielern der Welt braucht einen Trainer. Obwohl diese Männer besser Fußball spielen können als der Durchschnitt, kämen sie nie auf die Idee, ihren Job ohne Trainer anzutreten. Er ist es, der die Mannschaft zum Ziel führt. Deshalb ist für mich das persönliche Coaching durch nichts zu ersetzen. In einem Interview[12] antwortete der Sportler Markus Beyer auf diese Frage: „Brauchen Sie nach 26 Jahren Boxsport überhaupt noch einen Coach, oder kennt man die Trainingsabläufe und seinen eigenen Körper gut genug?"

> *„Doch, der Trainer ist mit Sicherheit wichtig. Von der Theorie her haben Sie Recht, man kennt die Trainingsabläufe und weiß, was man machen muss. Allerdings ist es für mich wichtig, dass jemand hinter mir steht und mich antreibt."*

Erfolgreiche Sportler vertrauen ihrem Trainer. Er ist Profi. Sie trauen ihm zu, dass er sie bestmöglich unterstützen kann, auch oder gerade wenn Sie das Gefühl haben, die Dinge müssten anders laufen. Ein Trainer will den Erfolg genauso wie der Sportler. Das ist auch meine Devise.

 www.four-balance.de

rank O. Reiss

Vissen macht erfolgreicher

Frank O. Reiss
Wissen macht erfolgreicher

„Wenn du denkst, Bildung ist zu teuer,
versuch´s mit Dummheit. "

Derek Bok
Präsident a. d. Harvard-University (USA)

500.000 Jahre hatte der Mensch nur ein Ziel: Intelligenter zu werden, um zu überleben. Die Geschichte beweist: Es hat funktioniert. In all den Millionen von Jahren wurden wir intelligenter, schlauer und kommunikativer. Wir wurden sesshaft, betrieben Ackerbau, erfanden Auto, Flugzeug, Internet und Smartphone. Dumm nur, dass wir trotz dieser eindrucksvollen Entwicklung immer dümmer werden. Das zumindest behauptet der US-amerikanische Zellbiologie Prof. Dr. Gerald Crabtree[13]. Der Genetiker von der kalifornischen Stanford University fand in seinen Studien heraus, dass zu Beginn der Menschheit eine nur geringfügig verminderte Intelligenz häufig einem Todesurteil gleich kam. Zur Fortpflanzung kamen die, die schlauer waren als der Rest der Sippe. *„Der rohe natürliche Auswahlprozess vollzog sich damals täglich"*, schreibt Dr. Crabtree im Fachblatt „Trends in Genetics". Seiner Meinung nach sind die Menschen zwischen 50.000 und 500.000 Jahren vor unserer Zeit am intelligentesten gewesen. Selbst „Ötzi", die Gletschermumie aus den Ötztaler Alpen in Südtirol, der vor rund 3.000 Jahren gelebt haben soll, war bereits nicht mehr so intelligent. *„Ich könnte wetten, dass ein Durchschnittsbürger aus Athen (gemeint ist das antike – Anm. des Autors) – würde er heute plötzlich unter uns leben – zu unseren hellsten und intellektuell lebendigsten Kollegen und Freunden gehören würde … Zudem würde er oder sie vermutlich zu den emotional stabilsten Menschen in unserem Umfeld gehören"*, schreibt der Genetiker.

Spätestens seit der Zeit, als die Menschen dazu übergingen, Ackerbau zu betreiben, also vor rund 10.000 Jahren, ist dieses Prinzip des Überlebens zum Stillstand gekommen. Dadurch, so schreibt Dr. Crabtree weiter, ist das Prinzip des Überlebens der Fähigsten schrittweise zum Stillstand gekommen, was somit zu einer Einschränkung der natürlichen Selektion führte. Wenn es überhaupt etwas „positives" an diesen Nachrichten gibt, dann, dass es nach Meinung von Prof. Dr. Crabtree noch einige tausend Jahre dauern wird, bis wir unsere Dummheit bemerken.

Jeder hat es selbst in der Hand, ob er Teil dieses, mit Verlaub, „Verdummungsprozesses" sein will. Noch immer ist es im übertragenen Sinne gesünder, seine „grauen Zellen" aktiv auf Trab zu halten, als mit dem Wissen von heute für immer stehenzubleiben. Das Leben an sich ist ein dynamischer Prozess. Stillstand ist Rückschritt. Das wussten schon die alten Chinesen: *„Lernen ist wie das Rudern gegen den Strom. Sobald man aufhört, treibt man zurück."* Deshalb müssen wir lernen, und zwar so lange, bis alle Finger gleich lang sind. Also bis zum Tod. Denn dann werden sie gefaltet – die Hände. Und siehe da, nun sind sie gleich lang – die acht Finger. Sie müssen nicht gleich sterben, um das herauszufinden. Falten Sie jetzt einfach die Hände, als würden Sie beten wollen. Und? Überzeugt? Dann ist es an der Zeit, sich weiterzubilden, denn

Lernen macht glücklich,

sage nicht nur ich als überzeugter Spezialmakler für Weiterbildung, sondern auch Dr. Manfred Spitzer, Professor für Psychiatrie in Ulm und ärztlicher Direktor der Psychiatrischen Universitätsklinik. Er schreibt, dass es in unserem Gehirn so etwas gibt wie ein positives Belohnungssystem, das so genannte mesolimbische System. Das ist nicht nur entscheidend an der Entstehung der Emotion „Freude" beteiligt, sondern auch sehr stark in emotionale Lernprozesse eingebunden. Eine zentrale Rolle in diesem System spielt der Nucleus accumbens. Neben seinen „vielfältigen" Aktivitäten ist er auch in der Lage, Lernprozesse zu beschleunigen. Weil unentwegt viele Informationen auf unser Gehirn einströmen, muss es ständig zwischen „wichtig", „weniger wichtig" und „unwichtig" unterscheiden. Eine Art Instanz hilft ihm bei der Lösung dieser Aufgabe, die sich sekündlich neu gestaltet, da unser wacher Verstand permanent aktiv ist. Diese Instanz bewertet und vergleicht, um dann einen Entscheidungsprozess einzuläuten. Läuft alles nach Plan, während nichts geschieht, was wir nicht schon wüssten, bleibt sie auf „Stand-by". Passiert aber etwas Unerwartetes, wird diese Instanz aktiviert. Wir werden aufmerksam und wenden uns deshalb dem Geschehen zu, um es besser zu verarbeiten. Der willkommene Nebeneffekt: Dadurch lernen wir effizienter und alles, was uns gut tut. Deshalb spricht Dr. Spitzer beim Nucleus accumbens vom

gehirneigenen Lernturbo[14].

Es ist zudem sehr neugierig, es giert förmlich nach Neuem. Deshalb ist es ständig damit beschäftigt, interessante Nachrichten und Informationen aufzunehmen. Weil in ihm so ganz nebenbei auch noch unser Glückszentrum angesiedelt ist, führt das zu einer einzigartigen Symbiose von Lernen und Glück. Fazit: Die Antwort auf die Frage nach dem Glück findet man dort, wo sie am allerwenigsten vermutet wird: beim Lernen!

Mit anderen Worten: Sind Sie auf der Suche nach dem Glück? Dann bilden Sie sich weiter.

Deshalb wiederhole ich es gern: Lernen macht glücklich! Es ermöglicht ein einfacheres und schöneres Leben. Sie sind ausgeglichener, sorgenfreier, selbstbestimmter und damit weniger fremdbestimmt. Zudem erreichen Sie Ihre Ziele schneller und effizienter.

Sicherheit geht vor

Für unser Glücksempfinden ist Lernen unverzichtbar. Weshalb die Aussage *„Mitarbeiter opfern ihre Freizeit zur Weiterbildung"* falsch ist. Sie sind keine Opfer, sondern Schöpfer, weil sie aus den Glücksgefühlen, die ihnen das Lernen bereitet, Kraft und Freude schöpfen. Dafür sorgt das mesolimbische System. Diese positive Lebensfreude wirkt sich somit auf alle anderen Bereiche des Lebens aus. Wir sind ausgeglichener, ruhiger, zufriedener und kompetenter als andere. Das allein ist schon Grund genug, sich weiterzubilden. Aber es gibt noch einen „materiellen", eher einen finanziellen Grund dafür. Ihre Investition in Bildung macht sich buchstäblich bezahlt. Sie werden für Ihren Arbeitgeber interessanter, sichern sich dadurch Ihren Arbeitsplatz oder steigen sogar die Karriereleiter hinauf. Sie werden aber auch für potentielle Arbeitgeber interessanter. Sie haben somit gegenüber Mitbewerbern um eine ausgeschriebene Stelle die „besseren Karten".

Auch wenn mancher den Eindruck hat, mehr fremd- als selbstbestimmt den Alltag zu erleben, so hat doch jeder die Möglichkeit, zu jeder Zeit eigene Entscheidungen zu treffen. Unser Schicksal wird auch durch unsere Entscheidungen geprägt. So können Sie entweder weiterhin fremdbestimmt leben und sich jeden Tag aufs Neue sagen lassen, was gut und was weniger gut für Sie ist. Oder aber Sie entscheiden sich für einen eigenen Weg und machen sich frei von allen Zwängen, Ängsten und Ratschlägen anderer. Ratschläge sind aus meiner Sicht ohnehin nur Schläge, die einen immer dann treffen, wenn man sie nicht braucht. Wenn Sie bereit sind, Ihr Leben in die Hand zu nehmen, werden Veränderungen eintreten, die Sie bis dahin nicht für möglich hielten. Dahinter steht ein „Naturgesetz": „Wir ernten, was wir säen." Je mehr Sie in Ihre Weiterbildung investieren, und damit im übertragenen Sinne die Saat für Ihren Erfolg legen, desto größer wird die Ernte sein, die Sie später „einfahren", und das in vielfacher Hinsicht. Sie werden als Experte wahrgenommen. Als solcher verdienen Sie auch mehr. Das stärkt Ihr Selbstbewusstsein und damit Ihre Persönlichkeit. „Wissen ist Macht", lehrt eine Redensart. Dem habe ich nichts hinzuzufügen.

Das aber setzt voraus, dass Sie bereit sind, alles zu geben und etwas Neues dazuzulernen. Das ist nicht immer ganz einfach. Denn noch immer sind viele Menschen der Meinung, dass der einmal erlernte Beruf eine Garantie für eine lebenslange Beschäftigung ist.

Natürlich ist es wichtig, einen ordentlichen Beruf zu lernen. Wobei sich die Frage erhebt, was denn ein ordentlicher Beruf ist. Unsere Eltern würden meinen, dass ein traditioneller Beruf etwas Ordentliches und vor allen Dingen etwas Sicheres ist. Das mag bis vor zwanzig Jahren vielleicht auch noch so gewesen sein. Doch die rasante technische Veränderung und die Globalisierung haben dazu beigetragen, dass traditionelle Berufe mit teilweise jahrhundertealter Tradition aussterben oder bereits ausgestorben sind. Buchbinder, Milchmann, Fassbinder, Schuster oder Büromaschinenmechaniker stehen für diese Entwicklung. Dagegen sind im selben Zeitraum neue Berufsbilder entstanden, von denen unsere Eltern zu ihrer Lehrzeit nicht einmal im Ansatz etwas ahnen konnten, so schnell entwickelte sich alles. Heute lässt man sich zum Mediengestalter, Game-Designer oder Diät-Assistenten ausbilden.

Für mich steht ein ordentlicher Beruf für die Fähigkeit, nach der Schule zielorientiert seinen eigenen Weg zu gehen und von den Erfahrungen älterer Menschen zu profitieren. Deshalb ist die Ausbildungszeit so wichtig. Sie vermittelt Fähigkeiten, Wissen und vor allen Dingen Disziplin. Diese Tugenden sind für den weiteren Lebensweg von immenser Bedeutung, gleichgültig, in welchem Beruf Sie sich haben ausbilden. In jedem Fall ist eines sicher: nichts! Wie schon der deutsche Schriftsteller Joachim Ringel-natz (1883-1934) feststellen musste:

„Sicher ist, dass nichts sicher ist. Selbst das nicht."

Deshalb bin ich davon überzeugt, dass das einmal Erlernte bzw. der erlernte Beruf kein Garant für Nachhaltigkeit ist. Auch gehe ich nicht mehr davon aus, dass es so etwas wie ein lebenslanges Arbeitsverhältnis gibt. Zur Hoch- und Blütezeit im Ruhrgebiet schafften Opa, Vater und dann der Sohn (Enkel) bei einem Arbeitgeber. Eine Familientradition, die es so schon lange nicht mehr gibt. Insofern teile ich die Meinung des ehemaligen deutschen Bundespräsidenten und Präsidenten des Bundesverfassungsgerichts, Dr. Roman Herzog[15]: *„Die einfache Wahrheit ist heute doch: Niemand darf sich darauf einstellen, in seinem Leben nur einen Beruf zu haben. Ich fordere auf zu* *mehr Flexibilität! In der Wissensgesellschaft des 21. Jahrhunderts werden wir alle lebenslang lernen, neue Techniken und Fertigkeiten erwerben und uns an den Gedanken gewöhnen müssen, später einmal in zwei, drei oder sogar vier verschiedenen Berufen zu arbeiten. "*

Wenn wir uns einmal anschauen, wie sich das Wissen der Menschen verändert, dann werden wir erkennen, wie wichtig die Bereitschaft ist, sich jeden Tag neuen Herausforderungen zu stellen. Im Jahre 1683 war Gottfried Leibnitz der letzte Mensch, der das gesamte enzyklopädische Wissen der Menschheit auswendig wusste. Er galt als das letzte Universalgenie. Damals verdoppelte sich das Wissen alle 100 bis 150 Jahre. Heute verdoppelt sich das Wissen der Menschheit alle zwei Jahre mit fallender Verdoppelungszeit. Täglich werden mehr als eine Million neue Seiten ins Internet eingestellt. Das ist der Geist der Zeit, der uns alle vor neue Herausforderungen stellt. Arbeitnehmer wie Arbeitgeber.

Medienberichten zufolge fehlen der deutschen Industrie bis 2020 mehr als 200.000 Fachkräfte. Deshalb setzen immer mehr vorausschauende Unternehmer auf Weiterbildung in den eigenen Reihen. Mehr als 80 Prozent aller deutschen Unternehmen haben ihren Mitarbeitern in den letzten vier Jahren die Möglichkeit zur Weiterbildung eingeräumt[16]. Das lassen sich die Unternehmen durchschnittlich 1.000 Euro je Mitarbeiter kosten. Diese nehmen die Angebote dankend an. Dazu sagt das Institut der Deutschen Wirtschaft[17]:

„Deutlich mehr Beschäftigte als früher konnten ihr Wissen erweitern, und sie tun es häufiger und länger als zuvor. "

Das war nicht immer so. Oft braucht es einen Stups „von außen", um Veränderungen buchstäblich anzustoßen. So waren z. B. vor Ausbruch der Finanzkrise 2007 die Mitarbeiter weniger bereit, sich außerhalb der regulären Arbeitszeit „unentgeltlich" zu engagieren, indem sie etwas für ihre Bildung taten. Nachdem die Krise gezeigt hat, wie schnell Gewohntes und Bewährtes aus den Fugen geraten kann und man selbst zum Opfer einer solchen Entwicklung wird, änderten viele ihre Haltung. Rund ein Drittel der Seminare und

Workshops absolvierten die Mitarbeiter nun in ihrer Freizeit. Die Stunden, die sie so investierten, verdoppelten sich im Vergleich zu der Zeit vor der Krise.

Dabei ist die Finanzkrise ja nur eine von vielen Herausforderungen, die bis heute anhalten und wahrscheinlich auch noch sehr lange andauern werden. Befristete Arbeitsverhältnisse, demografischer Wandel, technischer Fortschritt, das Internet und nicht zuletzt die Globalisierung verlangen nach Antworten, und zwar von jedem Einzelnen. Das „Schwarze Peter"-Spiel, bei Problemen alles auf andere zu schieben in der Hoffnung, alles würde gut ohne eigenes Zutun, funktioniert heute nicht mehr. Eigentlich hat es nie richtig funktioniert, doch noch nie waren die Folgen so dramatisch wie heute. Seit jeher bestätigt sich das, was bereits der Evolutionstheoretiker Charles Darwin in seinem Werk *„Die Entstehung der Arten"* von 1869 schrieb:

„Survival of the Fittest"

Darunter verstand Darwin das Überleben der bestangepassten Individuen. In der Analogie zur heutigen Entwicklung müssen sich Arbeitnehmer den Entwicklungen der Neuzeit anpassen. Nur wer bereit ist, ständig dazuzulernen, wird seiner (Kollegen-)Konkurrenz immer die sprichwörtliche Nasenlänge voraus sein. Zudem lohnt es sich auch finanziell. Wissenschaftler vom Zentrum für Europäische Wirtschaftsforschung (ZEW) fanden heraus, dass Weiterbildungen, die allgemeine berufliche Fähigkeiten vermitteln, für Arbeitnehmer durchschnittlich bis zu

6 % mehr Einkommen

bringen[18]. Das ist für mich die effizienteste Form von „Return of Investment". Oder wie es einer der Gründerväter der USA, Benjamin Franklin, so treffend sagte: *„Eine Investition in Wissen bringt immer noch die besten Zinsen."*

Nehmen wir an, Ihr Bruttogehalt liegt bei 2.500 Euro. Jeden Monat sparen Sie davon 100 Euro, die Sie übers Jahr in Ihre Weiterbildung investieren, dann sind das insgesamt 1.200 Euro p. a. Gemäß obiger Studie erhöht sich im darauffolgenden Jahr Ihr Gehalt um 6 Prozent (schließlich sind Sie nun Experte). Absolut betrachtet verdienen Sie somit monatlich 150 Euro mehr. Mithin in einem Jahr 1.800 Euro. Sie nehmen 1.200 Euro in die Hand und erhalten 1.800 Euro zurück. Somit beträgt Ihr jährlicher „Weiterbildungszinsertrag" 600 Euro. Im zweiten Jahr sind es wegen der Progression schon über 700 Euro.

Es gibt für mich keine bessere „Rendite". Deshalb meine Frage an Sie: Wann investieren Sie in Ihre Bildung?

Aktiv statt inter(net) aktiv

In seine eigene Weiterbildung zu investieren, ist im Grunde genommen ganz einfach. Man muss zunächst das Thema bestimmen und dann einen Anbieter finden. Fehlt es hier an der Inspiration, hilft das Internet. Flugs ist das Zauberwort „Weiterbildung" über eine der vielen Internet-Suchmaschinen eingegeben und schon erhält man sie, die vielen Angebote aus dem Netz.

Das überrascht nicht, schließlich ist fast jeder der mehr als 50.000 Trainer in Deutschland mit einer eigenen Internet-Seite im weltweiten Netz vertreten. Das Problem: Ein Suchender erhält bei Google nach Eingabe des Begriffes „Trainer" mehr als 300 Millionen Eintragungen. Hier „den" oder „die" Richtige(n) zu finden, ist fast unmöglich. Noch „schlechter" ist das Ergebnis bei Eingabe des Begriffes „Coach". Hier werden über 600 Millionen Möglichkeiten angezeigt. Wer nach „Seminaren" sucht, erhält ebenfalls etliche Millionen Eintragungen, mithin über 30 Millionen. Okay, auch ein wenig viel, also beschränkt sich die Suche auf das gewünschte Thema, z. B. Rhetorik. Das sind „nur" vier Millionen Eintragungen. Bei der Suche nach „Persönlichkeitsentwicklung" kommt die Suchmaschine auf fast 2 Millionen Eintragungen.

Hier zeigt sich, wie schwierig es für einen Laien ist, den richtigen Trainer zu finden. Wer Zeit im Überfluss hat, mag sich selbst kümmern. Doch wer lange wählt, wählt bekanntlich nicht immer das Richtige. Gut gedacht, ist noch lange nicht gut gemacht.

Ähnlich komplex verhält es sich mit Seminaren, die im weltweiten Netz immer öfter angeboten werden. Diese so genannten Webinare sind nichts anderes als „TV-Schulungen", über die ich weiter unten schreibe.

Licht in den „Trainer-Dschungel" bringt nur der Spezialmakler für Weiterbildung. Er ist es, der die Spreu vom Weizen trennt. Wer sich ihm anvertraut, kann sicher sein, für sein Problem die richtige Lösung zu erhalten. Schnell, unbürokratisch und vor allen Dingen günstig.

Wobei der Begriff des Maklers in Deutschland sehr negativ besetzt ist. Das hat natürlich mehrere Gründe, der wichtigste ist meines Erachtens die Tatsache, dass die Ausübung dieses Berufes an keinerlei gesetzlich vorgeschriebene Ausbildung gebunden ist, weshalb jeder Makler werden kann. Deshalb ist es so wichtig, sich im Vorfeld über dessen Qualifikation zu informieren. Wohlklingende Namen sind hier genauso wenig ein Garant für Seriosität wie Erfahrungen. Schon Kurt Tucholsky sagte: *„Erfahrung haben heißt gar nichts. Man kann eine Sache auch 35 Jahre schlecht machen."* Ein guter Spezialmakler für Weiterbildung spricht für sich. Er ist in der Lage, seine bisherigen Leistungen umfangreich zu dokumentieren, sodass keiner seiner ratsuchenden Kunden die sprichwörtliche „Katze im Sack" kauft.

Ich möchte an dieser Stelle deutlich unterstreichen, dass das Gros der Makler natürlich seriös, korrekt und über jeden Zweifel erhaben arbeitet. Es ist leider so, dass wir Menschen eher auf eine schlechte denn gute Wahrnehmung fokussiert sind. Die Medien leben es vor. Kein Mensch interessiert sich für gute Nachrichten. Ich habe einmal gelesen, dass allein in Deutschland täglich 8.000 Flugzeuge starten und landen. Eine großartige Leistung, insbesondere mit Blick auf die Risiken. Doch werden wir kaum über diese Leistung lesen. Wenn aber eine Maschine übers Rollfeld hinausschießt, weil der Pilot den Hebel zu schnell bewegt hat, ist das Geschrei groß und die Medien haben ihr Thema für die nächsten Tage.

Es gibt gute Gründe, sich selbst um einen guten Trainer zu kümmern, und viele Gründe, diese Aufgabe einem Experten zu übertragen, der sich gewerbsmäßig darum kümmert. Das ist schneller, effizienter und vor allen Dingen viel billiger. Auch oder gerade im Zeitalter des Internets. Immer wieder lese und höre ich davon, dass Live-Seminare mit „leibhaftigen" Trainern aus Fleisch und Blut schon bald der Vergangenheit angehören sollen, weil Webinare, also Seminare, die über das Internet veranstaltet werden, groß im Kommen sind. Vereinzelt mag das zutreffen. Doch wer wirklich lernen will, der lernt „live". Es geht ja nicht nur darum, sich irgendwie den Lernstoff anzueignen. Wir Menschen sind ganzheitliche Wesen, die mit allen Sinnen lernen und begreifen wollen.

 Meine Erfahrung bestätigt: Wer sich nur vor den Monitor hockt, um so stundenlang Lernvideos zu schauen, lernt deutlich schlechter als Seminarbesucher, die den Trainer live erleben und so direkt von Mensch zu Mensch mit ihm kommunizieren können.

Zudem bringen einen diese Veranstaltungen weg vom Alltagsgeschehen, weil die Seminare häufig an anderen Orten stattfinden. Wer vor seinem heimischen Computer lernt, lässt sich schnell ablenken, erledigt nebenbei andere Dinge, telefoniert sogar im schlechtesten Fall und kümmert sich dann noch um die Familie. Ein so abgelenktes Gehirn wird kaum in der Lage sein, nachhaltig zu lernen. Die Trennung von Alltag und Lernen macht den feinen Unterschied, oder treffen Sie Gleichgesinnte aus allen Teilen der Republik an Ihrem heimischen Küchentisch, auf dem der Laptop steht? Lernen ist mehr als nur zu lernen.

Lernen ist:

- Kommunikation
- Emotionen
- Fühlen
- Greifen
- Sehen
- Spüren
- andere Orte...

Der weiter vorne mehrfach erwähnte Dr. Spitzer zitiert Studien, die nachweisen, dass eine häufige und intensive Nutzung oder auch die gleichzeitige Nutzung unterschiedlicher Medien für die Lernfähigkeit des Gehirns schädlich ist. *„Multitasking",* so führt er aus, *„fördert vor allem eines: die Unaufmerksamkeit."* Mit Sorge verfolgt er die Entwicklung in Deutschland, wo die durchschnittliche Bildschirmnutzung bei bis zu 6,5 Stunden pro Tag liegt. Seiner Meinung nach „vermüllen" wir damit unser Gehirn. Angesichts der Erkenntnisse aus der Hirnforschung warnt er vor einer zunehmenden Mediennutzung gerade im Unterricht. Basis für das erfolgreiche Lernen ist aus seiner Sicht die Vernetzung der verschiedenen Einheiten im Gehirn. Als Spezialmakler für Weiterbildung kann ich das nur bestätigen. Nur in Live-Seminaren findet diese Vernetzung statt und nicht vor dem heimischen PC-Bildschirm. Aus diesem Grund werden auch in den nächsten Jahrzehnten die guten Trainer nicht arbeitslos. Auch deshalb nicht, weil[19]:

- 80 Prozent der Unternehmen in der Weiterbildung eine Möglichkeit sehen, die Leistungsfähigkeit und Produktivität der eigenen Mitarbeiter zu erhöhen.

- sie so neue Innovationen voranbringen wollen.

- 90 Prozent der Unternehmen mit der Weiterbildung die Kompetenz der Mitarbeiter verbessern wollen.

- Weiterbildung zunehmend als Attraktivitätsbonus gesehen wird.

- 80 Prozent der Firmen mit Workshops und Seminaren die Zufriedenheit und Motivation ihre Belegschaft verbessern wollen.

- 60 Prozent der Unternehmer der Meinung sind, dass ein breites Angebot an Weiterbildungsmaßnahmen die Mitarbeiter bindet und das eigene Unternehmen sogar für neue Bewerber attraktiver macht.

Diese Ziele verbinden Unternehmer mit der Aus- und Weiterbildung ihrer Mitarbeiter. Ich hoffe, dass ich mit meinen Ausführungen in diesem Buch deutlich machen konnte, dass Weiterbildung alles andere als nur Chef-Sache ist. Es ist Ihre ganz persönliche Sache, sich darum zu kümmern, denn:

- Sie erhöhen Ihre Sachkompetenz.
- Sie fühlen sich sicherer und souveräner.
- Sie werden zu einem unverzichtbaren Mitarbeiter.
- Sie erweitern Ihren geistigen Horizont.
- Sie steigern Ihre Lebensfreude.
- Sie gewinnen neue Erkenntnisse und Freunde durch Seminare.
- Sie erhöhen Ihren Marktwert.

Das sind nur einige von vielen positiven Begleiterscheinungen, die sich durch eine Weiterbildung ergeben. Wichtig ist dabei, sein persönliches Lebensziel nicht aus den Augen zu verlieren. Dann erhöhen Sie die Chancen allenthalben, so wie in dieser Anekdote eindrucksvoll beschrieben wird.

Der Sultan lag im Sterben. Es eilten seine drei Söhne ans Sterbebett. „Es wird Zeit, einen würdigen Nachfolger für mein Erbe zu finden", begann der Sultan unter größten Anstrengungen zu sprechen. „Derjenige", so führte er weiter aus, „der in der geradesten Linie über mein mit Wüstensand bedecktes Land gehen kann, wird es und noch viel mehr erhalten." Die drei Söhne machten sich auf den Weg. Ein Losverfahren legte die Reihenfolge der Prüflinge fest. So schritt der Erste entschlossen voran. Ab und zu schaute er zurück, um zu sehen, wie gut er es machte. In kleinen Nuancen korrigierte er laufend seine Schritte, so dass am Ende eine mehr oder weniger gerade Linie über dem Feld sichtbar wurde. Der zweite Sohn sah diese Methode und entschied sich, rückwärts zu gehen. Dadurch konnte er die Linie, die er im Wüstensand hinterließ, kontinuierlich berichtigen. Gewonnen aber hat der Dritte im Bunde. Er nahm sich die Palme am Horizont ins Visier, hielt sein Auge auf diesen Baum gerichtet und schritt los. So zog er eine perfekte, gerade Linie über den Wüstensand. Die Söhne kamen zurück ans Sterbebett. „Nur wer seine Ziele im Auge behält und ohne Umwege darauf zusteuert, ist würdig, mein Erbe anzutreten", sagte der Sultan zu seinem dritten Sohn und schloss für immer die Augen.

Behalten Sie hingegen nicht nur Augen und Ohren offen, sondern auch den Mund vor lauter Begeisterung über die vielfältigen Möglichkeiten der Weiterbildung.

 www.frankreiss.de

Frank Ritter

Das Ritter^2-Prinzip
Energize your life

Frank Ritter
Das Ritter²-Prinzip
Energize your life

> *„Meiner Idee nach ist Energie die erste und*
> *einzige Tugend des Menschen."*

Wilhelm von Humboldt

Fragen Sie einen Erwachsenen nach seinem Herzenswunsch zu Weihnachten oder zu seinem Geburtstag, dann erhalten Sie fast immer dieselbe Antwort: Hauptsache gesund. Schon als Kind hörte ich diesen Wunsch, wenn sich Erwachsene untereinander gratulierten. Verstehen konnte ich das nicht. Mir wollte einfach nicht in den Sinn, warum man sich nur so wenig wünscht wie Gesundheit. Wie sollte ich auch? Experten sind davon überzeugt, dass bei einem gesunden Kind das Bewusstsein für Gesundheit bis zum 14. Lebensjahr überhaupt nicht ausgeprägt ist. Erst danach setzt sich langsam die Erkenntnis durch, dass Gesundheit ein Geschenk des Lebens ist und keinesfalls ein Geburtsrecht. Wer dieses Geschenk zu nehmen weiß, der richtet seine Lebensweise danach aus, um möglichst lange gesund zu bleiben.

Auffällig ist, dass ein nicht unerheblicher Teil der Bevölkerung wider besseren Wissens geradezu Krieg führt gegen seine körperliche Gesundheit, indem er zu viel raucht, isst, trinkt und Tabletten nimmt. Aber auch übermäßiger Stress ist alles andere als gesundheitsfördernd. Müßig, über die Gründe für dieses gefährliche Verhalten zu diskutieren. Tatsächlich scheinen viele auf dem Niveau eines unter 14 Jahre alten Kindes zu verharren, weshalb sie Gesundheit nicht zum Thema machen. Erst wenn der Körper beginnt zu rebellieren, reagieren sie. Das sah auch der deutsche Mathematiker und Schriftsteller Prof. Georg Christoph Lichtenberg (1742-1799) so: *„Das Gefühl der Gesundheit erwirbt man durch Krankheit."* Wer dieses Gefühl selbst dann nicht entwickelt, den könnte ein Schicksal ereilen, das der US-amerikanische Regisseur und Schauspieler Woody Allen so formulierte: *„Wenn alle Warnzeichen der Natur nicht helfen, kommt der Tod. Es ist die letzte Art der Natur, dir zu sagen, dass du etwas langsamer treten solltest."*

Sie bringen die besten Voraussetzungen mit, dass Ihnen genau das nicht passieren wird. Sie halten dieses Buch in Ihren Händen. Diese Offenheit und dieses Interesse sind der erste Schritt zu einem bewussteren Umgang mit sich selbst und zu einem neuen Körperbewusstsein für ein gesünderes Leben.

Ich möchte Sie heute einladen, diesen Weg weiterzugehen. Es kann ein langer Weg für Sie werden, weil Sie große Chancen haben, älter zu werden als all die Menschheitsgenerationen vor Ihnen. Noch vor einhundert Jahren starben die Menschen im Durchschnitt im Alter von 45 Jahren. Heute werden wir fast doppelt so alt. Kinder, die heute geboren werden, haben große Chancen, über 100 Jahre alt zu werden. Das hat natürlich dramatische Auswirkungen auf unser Zusammenleben. Nach Japan ist Deutschland das Land mit der ältesten Bevölkerung der Welt. In keinem anderen Land werden weniger Menschen geboren als in Deutschland. Jeder siebte Mensch in Deutschland ist inzwischen jünger als 15 Jahre, jeder fünfte älter als 65. Somit ist klar: Deutschland ergraut. Diese Entwicklung können wir nicht aufhalten. Wir können aber einiges dafür tun, dass diese grauen Haare einen gesunden Körper bis ins hohe Alter zieren. Ein Körper nebst Geist, der sich auch dann noch wohlfühlt. Lesen und erfahren Sie in diesem Beitrag:

„Wie Sie Ihre körperliche und geistige Leistungsfähigkeit verbessern"

und so den Grundstein für lebenslangen Erfolg legen können.

Wenn es Ihr Ziel ist:

- gesünder und fitter
- geistig und körperlich leistungsfähiger
- stressfreier
- und energiereicher

zu leben, um so die täglichen Herausforderungen in Beruf und Freizeit leichter zu meistern, müssen Sie dieses Kapitel bis zum „bitteren" Ende durcharbeiten. Ich schreibe bewusst „arbeiten" und nicht lesen. Vom Lesen allein ist noch keiner gesund und sportlich geworden.

Nicht Lesen und Hören allein garantieren den Erfolg, sondern das Tun. Das von mir entwickelte Ritter^2-Prinzip bildet die Grundlage für ein „neues", weil besseres Leben. Genau darum geht es in diesem Buch. Es ist ein Querschnitt durch meine Arbeit als Coach, wobei ich großen Wert darauf lege, dass Sie viele Anregungen und Tipps erhalten, die Sie sofort umsetzen können. Natürlich kann ein Beitrag kein Coaching oder Seminar ersetzen. Verstehen Sie es als eine Art Einstieg in die Welt des Ritter^2-Prinzips von Frank Ritter.

Gesundheit und Wohlbefinden sind die Basis unseres Lebens. Auf dieser Basis baut unsere Leistungsfähigkeit auf, körperlich und geistig. Daraus resultiert die Lebensfreude. Die Erhaltung dieser Basis entwickelt sich in unserer Zivilisationsgesellschaft immer mehr zur größten Herausforderung. Eine Herausforderung, der sich das Ritter^2-Prinzip angenommen hat.

Die hochgestellte Ziffer zwei (aus der Mathematik für A-Quadrat) steht für eine unverrückbare Regel: *„Der Erfolg eines Menschen erhöht sich durch mehr Energie nicht einfach linear, sondern im Quadrat."* Anders ausgedrückt: Je mehr Energie in die gewünschte Richtung fließt, desto größer ist der Erfolg, der nicht schrittweise erfolgt, sondern „explosionsartig". Damit Sie genau das erleben, habe ich das Ritter^2-Prinzip entwickelt. Es vermittelt Ihnen die wesentlichen Faktoren zur Verbesserung Ihres Ist-Zustandes in Verbindung mit praxiserprobten Lösungsansätzen. Letztere müssen auf Sie speziell zugeschnitten werden, weil die persönliche Leistungsfähigkeit nicht nur von vielen Faktoren abhängt, sondern auch von Mensch zu Mensch unterschiedlich ist. Diese Bedingung kann ein Buch nicht erfüllen.

Ein gesunder Geist in einem gesunden Körper

Körperliche und geistige Leistungsfähigkeit stehen in sehr engem Zusammenhang. *„Mens sana in corpore sano"*, wie die Lateiner sagten. Der „Brockhaus" übersetzt diese Erkenntnis mit: *„Ein gesunder Geist in einem gesunden Körper."* Für mich wohnt in einem gesunden Körper ein gesunder Geist. Keine fixe Idee, sondern das Ergebnis richtiger Entscheidungen. Über ein körperliches Training in Verbindung mit einem ausgewogenen Essverhalten kann nicht nur Ihre körperliche Leistungsfähigkeit, sondern auch Ihre geistige verbessert werden. Es ist auch die Bewegung, die den Geist formt. Vor 200 Jahren mussten die Menschen in Ermangelung anderer Fortbewegungsmöglichkeiten zu Fuß gehen. „Spazierengehen" haben wir inzwischen verlernt. Das scheint in der heutigen Zeit grenzenloser Mobilität etwas Überflüssiges zu sein. Gehen und damit Bewegung wird zunehmend als unnötige Zeit- und Kraftverschwendung angesehen. Eine törichte Einstellung, wie Forscher jetzt beweisen konnten.

„Ich habe mich verrannt", sagen wir, wenn ein Gedanke uns vom Thema abbringt und dadurch der Fortgang eines Projektes verhindert wird. Interessant ist in diesem Zusammenhang zu beobachten, dass die „verlorenen" Gedanken zurückfinden ins Gleichgewicht, sobald der Betroffene hin und her geht und dabei den Blick fest auf den Boden richtet. Es scheint eine Art Ritual zu sein, das die Nervenzellen im Hirn offensichtlich wieder zum „richtigen" Schwingen bringt. Haben Sie das selbst schon einmal erlebt?

Hirnforscher sind sich indes sicher, dass es einen Zusammenhang zwischen Bewegung und Gehirn gibt. Unter der Bezeichnung „dynamical brain" fassten die Experten ihre Erkenntnisse zusammen. Danach erzeugen unsere Nervenzellen ihre elektrischen Impulse in einem auffälligen Gleichtakt. Dieser Gleichtakt, der Wahrnehmung, Erinnerung und Denken überhaupt erst ermöglicht, wird durch den Rhythmus des Gehens stimuliert. Der Hirnforscher Gerd Kempermann vom Berliner Max-Delbrück-Centrum sagte in einem Interview mit der Zeitschrift *Psychologie heute (8/2007)*, man müsse sich das Gehirn in etwa so vorstellen wie einen Computer, denn hier wie dort ist eine gewisse Taktfrequenz vorgegeben, innerhalb derer die ganzen Operationen stattfinden. Diese Frequenz innerhalb des Gehirns ist allerdings nicht so starr getaktet und daher viel stärker von außen beeinflussbar, sodass wiederholende Bewegungen, wie zum Beispiel Laufen, dazu führen, dass die Rhythmen des Gehirns sehr stabil werden. In einem Versuch mit Mäusen, die sich in einer abwechselnden Umgebung bewegten, konnte Kempermann nachweisen, dass sich in der Tat mehr neue Nervenzellen im Gehirn bildeten und sich das Lernverhalten deutlich verbesserte.

Überlegen Sie bitte einmal, wo Sie in Ihren Alltag regelmäßig ein wenig Bewegung einbauen können, insbesondere bei der Arbeit, um wieder klar denken zu können.

Zahlen beweisen, sagen die Physiker. Doch damit ist Ihnen nicht geholfen, wenn der innere Schweinehund im Kopf eine andere Richtung vorlegt. Unser Gehirn ist das komplizierteste und vor allem unerforschteste Organ des Organismus. Leistungsfähigkeit, Stress und Erfolg entstehen im Kopf. Stress wird zu einem Großteil von Ihrem Unterbewusstsein gesteuert, doch manifestiert er sich auf Dauer im Körper. Dort kann er großen Schaden anrichten, wie aktuelle Zahlen der Krankenkasse zu Stresserkrankungen verdeutlichen. Dieser schlechten Nachricht folgt die gute. Der Pionier der Bewegungsneurologie, Prof. Dr. Wildor Hollmann[20], fand heraus: *„Unser Gehirn ist wie Knetgummi."* In jeder Sekunde verändern sich nämlich Gehirnstrukturen, weil das menschliche Hirn eine ungeheure Plastizität aufweist. In einem Interview[21] sagte Prof. Zieglgänsberger: *„Heute wissen wir, dass sich auch ein erwachsenes Gehirn ständig umformt. Für uns Hirnforscher ist dies eine wahnsinnig aufregende Zeit, als wären wir gerade dabei zu begreifen, dass die Erde keine Scheibe ist."*

Mit anderen Worten: Das, was wir gelernt haben, können wir wieder verlernen. Wir können falsches Denken durch richtiges ersetzen. Wir können innere Widerstände überwinden und so neue Wege gehen. Wir können durch Bewegung die körpereigenen Batterien mit „Power-Energie" aufladen, um so den Stresspegel abzusenken, was sogar im Blut nachweisbar ist. Dadurch halten wir unsere Leistungsfähigkeit, körperlich wie geistig, auf höchstem Niveau. In unserer Leistungsgesellschaft eine Notwendigkeit.

Weil sich unser Gehirn wie ein Knetgummi verhält, können Gesundheit und Wohlbefinden erreicht werden. Wer bereit ist, sich dieser Herausforderung zu stellen, aktiv und regelmäßig trainiert, wird schon bald erste Ergebnisse messen und fühlen können. Hier greift das Ritter²-Prinzip in Form von drei Säulen der Gesundheit:

1. Bewegung

Richtig dosiert ist Bewegung das beste und umfassendste „Medikament", welches gegen sämtliche Zivilisationskrankheiten wirkt, präventiv und rehabilitativ. Ihre individuelle Leistungsfähigkeit, körperlich wie geistig, wird direkt positiv beeinflusst. Die einzigen Nebenwirkungen, die von diesem Medikament ausgehen sind: Glück, Spaß und Freude. Ausgelöst durch die Botenstoffe Dopamin und Serotonin.

Zur Erinnerung: Das Gehirn steuert u. a. Atmung, Herztätigkeit und Kreislauf. Kommt im Hirn der Reiz „Bewegung" an, werden Millionen Nervenzellen mobil. Sie stellen sich blitzschnell auf Belastungen ein, aktivieren Programme wie Hand- oder Beinbewegungen. Wichtig für das Denken: Blut (und damit Sauerstoff und Nährstoffe) durchflutet die Hirnregionen, und selbst bei Erwachsenen verbinden sich Millionen Nervenbahnen neu.
Sie verdienen Ihre Brötchen mit dem Kopf. Deshalb reservieren Sie sich bitte mindestens zwei Termine in der Woche für Bewegung. Ich verspreche Ihnen, dass es sich auszahlen wird.

2. Ernährung

Der menschliche Körper verfügt über mehr als 70 Billionen Zellen. Damit arbeiten 10.000-mal mehr Zellen in uns als Menschen auf diesem Planeten leben! Mit jedem Tag aber sterben 600 Milliarden Zellen, die, und das ist die gute Nachricht, in selber Menge neu „geboren" werden. Jede Sekunde führt der Körper etwa 10^{30} chemische Operationen durch. Die 10^{28} Atome, die den Körper bilden, kommen und gehen und bauen unser Gewebe und unser Blut immer wieder neu. Damit haben Sie den Beweis. Sie sind morgen das, was Sie heute essen, weshalb es wichtig ist, Ihren Organismus mit den richtigen Stoffen aus der Nahrung zu versorgen. Schauen Sie beim nächsten Einkauf einmal bewusst in den Einkaufswagen an der Kasse neben Ihnen. Ich bin immer wieder aufs Neue erschreckt über das, was ich dort sehe.

3. Entspannung

„Wir müssen von Zeit zu Zeit eine Rast einlegen und warten, bis uns unsere Seelen wieder eingeholt haben", raten die Indianer. Für ein ausgeglichenes Leben kommt es auf die innere Grundhaltung an. Gelassenheit als Grundhaltung macht Zufriedenheit. Es geht aber nicht darum, möglichst wenig Stressreize zu bekommen, denn häufig haben Sie hier keinen direkten Einfluss. Es geht um die Fähigkeiten, schnell und einfach zwischen An- und Entspannung wechseln zu können und entstandenen Stress abbauen zu können.

Sie finden meine Ausführungen zu den drei Säulen der Gesundheit interessant? Sie haben sich und Ihre Verhaltensmuster beim Lesen erkannt? Dann fangen Sie hier und heute mit der Umsetzung des Erlernten an. Mein Tipp: TUN SIE ES – JETZT!

Hierzu schreiben Sie einfach ein paar Punkte auf, die Sie ändern wollen. Hängen Sie diese Liste mit den Punkten dort auf, wo Sie sie jeden Tagen sehen können. Rom wurde bekanntlich auch nicht an einem Tag erbaut. Deshalb üben Sie sich in Geduld. Fangen Sie mit kleinen Schritten an. Nie zu viel auf einmal. So ersparen Sie sich Frust und Misserfolge.

Für die Umsetzung brauchen Sie ein Ziel, eine Struktur und natürlich ein wenig Disziplin. Aber mit der richtigen Herangehensweise ist es gar nicht so schwer. Schwer ist es nur, wenn Sie jetzt weiterlesen und nicht beginnen, aktiv etwas zu verändern.

Achte auf den Tag

Hippokrates von Kos (Vater der Heilkunde – Eid des Hippokrates, den jeder Arzt schwört) war davon überzeugt, dass: *„Krankheiten den Menschen nicht überfallen wie ein Blitz aus heiterem Himmel, sondern sie sind die Folgen fortgesetzter Fehler wider die Natur."* Das mögen viele nicht so sehen, geschweige denn verstehen. Wer wollte es ihnen verübeln? Unser Körper ist für gewöhnlich zäh wie Leder. Der kann gut und gern vierzig Jahre jeden Tag eine Schachtel gerauchter Zigaretten vertragen. Doch vielleicht im 41. Jahr des offensiven Raubbaus ist er des Tragens der Last müde geworden und der Raucher erfährt nun von einem Schatten auf seiner Lunge. Hier ist ein Zusammenhang zwischen Rauchen und Krankheit erkennbar. Wer aber ein Leben lang gemobbt wird, in Angst und Panik lebt und dann im Rentneralter an einem Nervenleiden erkrankt, empfindet das als weitere Demütigung, ohne zu erkennen, dass es eben die Jahre davor waren, die den Körper in diese Verfassung gebracht haben. Das heißt nun nicht, dass jede körperliche Krankheit eine lange Vorgeschichte haben muss. Aber sie ist eher die Norm und weniger die Ausnahme. Bitter ist das alles auch deshalb, weil viele Krankheiten so schwerwiegend sind, dass ein Zurück ins alte Leben häufig nicht mehr möglich ist. Ausnahmen bestätigen bekanntlich die Regel, wie ein guter Freund von mir eindrucksvoll bewiesen hat.

Dieser Freund erlitt einen Schlaganfall. Er war halbseitig gelähmt, wurde künstlich ernährt, gewickelt, ohne Sprache und sabbernd liegend. So traf ich ihn an. Nach zwei Wochen Krankenhaus kam er in die stationäre Reha. Dort wurde er ganztägig „gepflegt", erhielt seine Anwendungen und Krankengymnastik. Mein Freund ist ein Kämpfer, ein Macher, ein „echter Kerl" eben. Den hat bisher nichts umgehauen, und dann liegt so einer von gleich auf sofort hilflos wie ein Säugling im Bett. Unfähig zu handeln und sich zu artikulieren. Ein sehr trauriger Anblick, der mich noch nach Jahren nicht loslässt.

Nach drei Wochen Reha konnte er bereits leichte Kost in Form von Suppen und Quark zu sich nehmen. Mit der „gesunden" Kopfhälfte war er in der Lage, einen Knopf zu drücken, wenn die Bettpfanne gebraucht wurde. Ein großer Fortschritt, weil er bereits auf Windeln verzichten konnte. Langsam spürte er sogar ein leichtes Kribbeln im gelähmten Körperbereich. Nach sechs Wochen Reha war er wieder in der Lage, Beine und Arme langsam zu bewegen. Auch sollten die Worte zurückkommen. Anfänglich zwar gemurmelt und damit für Außenstehende noch schwer zu verstehen, aber immerhin war er nicht mehr ganz so sprachlos. Nach weiteren sechs Monaten Reha durfte er nach Hause, das eigens für ihn umgebaut worden war. Dadurch konnte er sich hier problemlos mit dem Rollstuhl bewegen. Es folgte eine Achterbahn der Gefühle. Seelische Höhenflüge wurden durch tiefste Verstimmungen abgelöst. Das ist auch für Außenstehende nicht einfach auszuhalten. Deshalb verließ seine Partnerin ihn. Zur Betreuung wurde nun eine Pflegerin eingestellt.

Zu allem Überfluss fehlte das Geld an allen Ecken und Kanten, weil mein Freund als selbstständiger Unternehmensberater nicht mehr arbeiten konnte. Die Firma erlebte dadurch eine Achterbahnfahrt, allerdings in die falsche Richtung, ohne Umkehr, nämlich steil nach unten. Der Umsatz brach weg und damit die Grundlage seines Einkommens. 75 Prozent der Mitarbeiter mussten entlassen werden. Der Rest der Belegschaft versuchte das Unternehmen mit allen Kräften über Wasser zu halten im festen Glauben, ihren Chef schon bald wieder an seinem Schreibtisch sitzen zu sehen. Doch das sollte noch einige Monate dauern, insbesondere, weil es an der Sprache haperte. Die kam bei meinem Freund erst nach weiteren sechs Monaten langsam zurück. Auch wenn es ihm viel Mühe machte, zu sprechen, trainierte er ohne Unterlass. Mit Erfolg. Schon bald konnte man ihn wieder gut verstehen. Auch war er nicht mehr nur auf den Rollstuhl angewiesen. Der Gehstock reichte temporär aus. Kürzere Wege konnte er sogar humpelnd zurücklegen. Und so wurde aus seiner Pflegerin eben eine Haushälterin, die ihn bei Kräften hielt. Immerhin hat er seit dem Schlaganfall 35 Kilo abgenommen. Auf diese Form der Diät hätte er nur allzu gern verzichtet. Nach den langen quälenden Monaten war er wieder in der Lage, alles zu essen. Er war schlau genug, genau das nicht mehr zu tun. Er hatte die Zeichen der Krankheit erkannt und seine Ernährung umgestellt. Weniger Fleisch, mehr Fisch und Gemüse und keine Fertigprodukte. Süßigkeiten sucht man in seinem Haus vergebens, genauso den Alkohol. Getrunken werden Wasser, Tee und Kaffee.

Seine tägliche Reha hat er umgetauft in sein *persönliches Bewegungsprogramm*. Das gibt ihm die Kraft, um die Arbeit, die er inzwischen wieder aufgenommen hat, besser meistern zu können. Er delegiert vieles, übernimmt aber auch eigene Arbeiten, wie z. B. Kundenbindung und Führung seiner Consultants. Arbeitete er früher von morgens bis abends pausenlos durch, so legt er heute immer wieder kleinere Entspannungspausen ein.

Ich kann nur deshalb so genau über seine Entwicklung berichten, weil ich acht Monate nach seinem Schlaganfall im Jahre 2006 mit ihm das Training angefangen habe, gestützt durch das Ritter[2]-Prinzip. In vielen Schritten und Bewegungseinheiten bauten wir sukzessive sein „altes Leben" wieder auf. Ich betreute ihn in der Ernährungsumstellung und brachte ihm hochwirksame Entspannungstechniken bei. Ein Coaching zur Veränderung für ihn, seine Mitarbeiter und sein Unternehmen war ein weiterer wichtiger Baustein. Heute trainieren wir zweimal die Woche zusammen. In der verbleibenden Zeit absolviert er sein Sportprogramm selbstständig.

Nach dem Schlaganfall sah es nicht danach aus, dass er die Altersgrenze von 50 Jahren überspringen würde. Inzwischen ist er 55 Jahre alt. Auch wenn er mit einigen wenigen körperlichen Einschränkungen, wie z. B. der fehlenden Feinmotorik in den Füßen, zurechtkommen muss, arbeitet er wieder an und in seinem Unternehmen. Die Firma hat sich erholt, genauso wie seine Sprachfähigkeit.

An sein altes Körpergewicht hat er nicht mehr anknüpfen können. Das ist gut so. Vor dem Schlaganfall wog er 120 Kilo bei einer Körpergröße von 1,86 m. Heute sind es nur noch 85 Kilo. Er und seine neue Lebensgefährtin sind darüber sehr glücklich. Auch wenn er seine „alte" Lieblingssportart an den Nagel hängen und vier seiner Lieblingsautos verkauften musste, weil er nur noch Automatik fahren kann, ist er glücklich. Glücklich darüber, nicht nur überlebt zu haben, sondern auch, dass ihm das Schicksal eines Pflegefalls erspart geblieben ist. Dieses „neue" Leben ist ihm nicht geschenkt worden, sondern das Ergebnis eines eisernen Willens in Verbindung mit einem harten Training auf körperlicher und mentaler Ebene.

Einzig traurig macht ihn der Gedanke, dass er sich wahrscheinlich all das hätte ersparen können, wenn er vor dem Schlaganfall sein jetziges Leben gelebt hätte. Er bedauert, dass er nur auf der Überholspur unterwegs war, zu oft über die Stränge schlug, zu vielen Feiern mit zu viel Alkohol beiwohnte, bei zu wenig Schlaf, kaum Bewegung, dafür aber fettigem Essen.

Somit bestätigt sich hier leider einmal mehr Sebastian Kneipp´s Prognose:

> *„Wer nicht jeden Tag etwas Zeit für seine Gesundheit aufbringt,*
> *muss eines Tages sehr viel Zeit für die Krankheit opfern. "*

Ich bin mir sehr sicher, dass auch Sie solche traurigen Geschichten selbst erlebt oder davon gehört haben. Was auch nicht wirklich überrascht. Schließlich denken wir fast immer nur dann an unseren Körper, wenn er sich durch Nervensignale, gemeinhin als Schmerzen bekannt, bemerkbar macht. Zudem werden wir Menschen immer älter. Womit auch die Zahl der Erkrankungen deutlich zugenommen hat. Allein in 2011 mussten die gesetzlichen Krankenkassen mehr als 280 Milliarden Euro ins Krankensystem pumpen. In der „Spitzengruppe" der häufigsten Krankheiten ist neben Krebs, Herz- und Kreislauferkrankungen und Diabetes auch der Schlaganfall zu finden. Nach wie vor stirbt jeder 2. Bundesbürger an einer Herz-Kreislauf-Erkrankung (= 450.000 Todesfälle pro Jahr, davon 15 Prozent = 70.000 durch Schlaganfall). Damit fordert dieses Krankheitsbild doppelt so viele Todesopfer wie alle Krebsleiden zusammen.

Betraf es früher häufig die älteren Menschen, die vom Schlag getroffen wurden, so sind es heute immer mehr unter 50 Jahre. Wer so gebeutelt ist, erinnert sich an ein Sprichwort: *„Der Gesunde hat tausend Wünsche, der Kranke nur einen."*

Ich las von einer „Studie" aus den USA. Die Initiatoren stellten Rentnern eine Frage: *„Stellen Sie sich vor, Sie stehen vor dem Himmelstor, weil ihr Leben zu Ende ist. Könnten Sie noch einmal zurück auf die Erde, was würden Sie anders machen in Ihrem Leben?* Es gab viele Antworten, doch einige wurden von sehr vielen immer wieder genannt:

- ein „volleres" Leben leben
- mehr Zeit mit der Familie und den Freunden verbringen
- mehr riskieren
- etwas erstellen, das nach dem Ableben bleibt
- sich mehr um die eigene Gesundheit kümmern

Interessant in diesem Zusammenhang ist das, was nicht gesagt wurde. Tatsächlich hat keiner der befragten Rentner, wirklich kein einziger, den Wunsch geäußert, noch mehr arbeiten zu wollen! Und was tun die Meisten hier auf Erden? Sie erleben in ihrer Arbeit den größten Stress ihres Lebens.

Es braucht mitunter solche drastischen Beispiele, um zu verstehen, dass wir nicht auf irgendetwas hinarbeiten oder abwarten müssen, bis sich etwas ändert. Wir haben es in der Hand, es jetzt zu tun. Sofort. Denn wir haben ja nur dieses eine Leben, und das ist immer nur dieser Augenblick. Dieser kleine Wimpernschlag ist es, den Sie leben und gestalten können. Das Gestern ist vorbei. Unwiderruflich. Sie können kein einziges gesagtes Wort, keine einzige Tat und keinen einzigen Gedanken von gestern zurückholen. Das Gestern ist Geschichte. Die Zukunft nicht. Sie existiert (noch) nicht. Morgen ist eine Illusion. Und wo sind wir mit unseren Gedanken wirklich? Überall, nur nicht im Hier und Jetzt. Und genau das verursacht Stress. Wie sagte es einst der US-amerikanische Schriftsteller Truman Capote so treffend: *„Wozu sich um das Leben Sorgen machen? Keiner überlebt's."*

Studien belegen, dass 40 Prozent der Menschen ihre Zeit tatsächlich damit verbringen, sich über etwas zu sorgen, was nie eintreten wird, während 30 Prozent ihrer Vergangenheit nachhängen und so weniger im Hier und Jetzt leben. Schade um die verschenkte Lebenszeit. Erinnern wir uns: Das Gehirn ist wie Knetgummi. Wir können uns der einengenden Gedanken befreien, indem wir „Gedankenhygiene" betreiben. So, wie wir uns täglich mehrfach die Zähne putzen, so sollten wir am Tag mehrfach für ein paar Minuten innehalten und über das bisher Erlebte nachdenken. Dadurch beseitigen wir automatisch lieb gewonnene Irrtümer wie *„Ich werde ungerecht behandelt"* oder *„Die Welt schuldet mir etwas".* Wer sich auf die Frage konzentriert, was ihm vorenthalten wird, wird viel zu wenig darauf achten, was er alles erhält. Im Universum verstärkt sich, worauf Sie sich konzentrieren. Wer sich auf das Positive konzentriert und dankbar zurückblickt und dankbar für das ist, was er gerade erleben darf, erreicht genau das, was er möchte: inneren Frieden und Ausgeglichenheit.

Das Leben ist jeden Tag ein neues Wagnis. Garantien gibt uns niemand. In einer Studie[22] wurden Erwachsene gefragt: *„Wenn Sie zurückblicken auf Ihr bisheriges Leben, was bedauern Sie mehr: bestimmte Dinge getan zu haben (die sich dann als falsch herausgestellt haben); oder bedauern Sie es mehr, bestimmte Dinge nicht getan zu haben?"* 75 Prozent der Befragten bedauerten es, etwas nicht getan zu haben! Gehören Sie zu den 75 Prozent? Dann lassen Sie uns darüber sprechen – wenn Sie morgen nicht mehr diesen 75 % angehören wollen.

Mensch, beweg dich...

Wir leben heute in einer Wissensgesellschaft. Wir wissen so viel, und doch fehlt es uns an Weisheit. Dadurch haben wir die Fähigkeit zu handeln weitestgehend verloren. Willensstarke Menschen verfügen über ein stabiles und unerschütterliches Handlungsmotiv – einen Beweggrund, der ihre Handlungen auslöst und permanent antreibt. Bei vielen aber fehlt es an der richtigen Einstellung, an der Motivation. Der Begriff der Motivation kommt vom lateinischen *motus* und heißt „die Bewegung". Humanwissenschaftler verbinden mit diesem Begriff einen Zustand des Organismus, der die Richtung und die Energetisierung des aktuellen Verhaltens beeinflusst. Mit der Richtung des Verhaltens ist die Ausrichtung auf Ziele gemeint.

Der natürliche Feind des Menschen und seiner Gesundheit ist die Bequemlichkeit. Während unsere Vorfahren noch im Schweiße ihres Angesichts Geld verdienten, sitzt die heutige Generation vor Computerbildschirmen. Von hier aus wird mit einfachen Bewegungen die Arbeit erledigt. In der Tat hat die technische Revolution dafür gesorgt, dass wir mit einfachsten Handgriffen und bequem aus dem Sessel heraus tausende von Tonnen bewegen können. Via Mausklick oder Joystick werden große Containerschiffe über die Weltmeere bewegt. Auch die Be- und Entladung dieser Schiffe erfolgt durch wenige Handgriffe bzw. Fingerbewegungen. Dort, wo noch vor 50 Jahren Dutzende von Lagerarbeitern notwendig waren, um ein Schiff zu entladen, reicht quasi eine Hand aus. Die Menschen vorheriger Generationen haben schwer gearbeitet (meistens bis zur körperlichen Erschöpfung), waren aber immer in Bewegung, im Gegensatz zur heutigen Arbeitswelt. Diese hat sich so stark verändert, dass eine neue Geißel die Menschen des 21. Jahrhunderts erfasst – mangelnde Bewegung! Dadurch werden unterschiedlichste chronische Krankheiten ausgelöst.

- Im Jahr 1950 legten die Deutschen im Durchschnitt pro Tag 9,6 km zu Fuß zurück.

- Im Jahr 2000 waren es nach Angaben des Statistischen Bundesamtes Wiesbaden nur noch 600 Meter pro Tag.

- Im gleichen Zeitraum (1950-2000) stiegen die Zivilisationskrankheiten um 185 Prozent.

- Die Evolution der Menschheit befindet sich im freien Fall. Bildet man die Evolution des Menschen auf einer 400 m Laufbahn eines Stadions ab, dann ergibt sich folgendes Bild: Während der gesamten Evolution waren wir ständig in Bewegung. Erst in den letzten 60 Jahren haben wir dieses Verhalten drastisch reduziert. Umgerechnet auf eine Stadionrunde machen diese 60 Jahre ca. 2 cm auf dieser 400 Meter langen Bahn aus. Damit ist unser Organismus überfordert. Da er sich so schnell nicht anpassen kann, entwickelt er so genannte Zivilisationskrankheiten. Wenn das eine Million Jahre noch so weitergeht, wird unsere Spezies, mit Verlaub, mit einem „Pferdearsch" und 30 cm langen Beinen leben. Was nicht gebraucht wird, verkümmert. Viel Spaß bei „Germanys next Topmodel" in einer Million Jahren. Gott sei Dank bin ich dann nicht mehr unter den Zuschauern und muss mir dieses Elend nicht ansehen.

Fazit: Ein bewegtes Leben hält nicht nur gesund, es macht auch glücklicher.

Für viele Menschen ist das Herz nur ein Muskel wie jeder andere. Stimmt aber nicht. Das Herz pumpt täglich etliche tausend Liter Blut durch unseren Körper, was ihn so zu unserem wichtigsten Muskel macht. Von der ersten Sekunde auf dieser Erde bis zum Tod, arbeitet er ununterbrochen. Keine Pause, keine Auszeit, kein Urlaub. Damit es ihm gut geht, muss er, wie alle anderen Muskeln auch, regelmäßig trainiert werden.
Ein solches Training führt dazu, dass sich das Schlagvolumen des Herzmuskels vergrößert. Das Herz kann somit pro Schlag mehr Blut durch den Körper pumpen. Dadurch sparen wir uns auf Dauer Herzschläge, der Kreislauf arbeitet ökonomischer und kann seine

Arbeit leichter erledigen. Da auch der Sauerstoffgehalt zunimmt, wird das Blut dünner und fließt besser. All das verringert das Risiko, einen Herzinfarkt zu erleiden oder einen Schlaganfall.

Stress lass nach

Es klingt unglaubwürdig, doch entspricht es den Tatsachen, dass der Mensch ohne Stress nicht leben kann. Für viele Situationen braucht er eine erhöhte Leistungsbereitschaft. Deshalb ist Stress keine Modeerscheinung. Bereits zu Zeiten der Neandertaler schützte Stress den Menschen. Was zunächst wie ein Widerspruch klingt, lässt sich wissenschaftlich erklären.

Stellen Sie sich einmal vor, Sie leben in der Steinzeit und sind auf der Suche nach einer Unterkunft. Sie sind gezwungen, sich des Nachts in einer Höhle aufzuhalten. Dumm nur, dass einige wilde Tiere, darunter Bären, die gleiche Liebe für Höhlen haben. Sie stehen nun in der stockfinsteren Höhle und merken plötzlich, dass Sie gegen etwas „Warmes" gestoßen sind. Da Sie sich nicht die Knochen gebrochen haben und der Rest sich auch sonst sehr warm nach Pelz anfühlt, dürften Sie soeben wohl einen Bären sehr unsanft geweckt haben. Dieser türmt sich in seiner gewaltigen Länge vor Ihnen auf. Eine typische fight-or-flight-Reaktion tritt ein. Sie haben nur zwei Möglichkeiten: angreifen oder fliehen! Egal, wie Sie sich auch entscheiden mögen, für beides brauchen Sie viel Energie. Deshalb schüttet Ihr Körper Stresshormone aus. Binnen Millisekunden schüttet Ihr Organismus ca. 1.400 Hormone und Neurotransmitter aus. Durch diese Ausschüttungen werden nun verschiedene körperliche Reaktionen aktiviert. Das Herz schlägt schneller, Gehirn und Lunge werden besser versorgt und die Sinne sind hellwach. Solange dieser Zustand nur von geringer Dauer ist, wirkt er sich eher positiv aus. Problematisch wird es immer dann, wenn dieser Zustand über eine längere Zeit anhält. In Stresssituationen wird das körpereigene Cortisol gebildet. Ohne Cortisol ist der Mensch nicht überlebensfähig. Doch wie sagte schon der bekannte Arzt und Naturforscher Paracelsus (1493-1541):

„Dosis sola facit venenum" (= „Die Menge tut´s") – *„Alle Dinge sind Gift und nichts ist ohne Gift. Allein die Dosis macht, dass ein Ding kein Gift ist. "*

Ein Zuviel an Cortisol ist unter anderem für die chronischen Stresserkrankungen verantwortlich. Unsere moderne Welt ist praktisch immer auf der Flucht vor dem „Bären". Damit sind die meisten Menschen einem ständigen Reiz-Reaktions-System ausgesetzt. Somit verharrt der „Stresspegel" dauerhaft auf höchstem Niveau. Ein Zustand, der oft unerträglich ist. Daher rührt auch das negative Image, das mit dem Begriff Stress belegt ist. Dabei ist Stress nicht gleich Stress. Neben dem „negativen" Stress gibt es auch einen „positiven", Eu-Stress genannt. Der Eu-Stress befähigt uns, trotz der angespannten Situation gute Ergebnisse zu erzielen, ohne dass unser Körper darunter leidet. Man befindet sich immer dann im Eu-Stress, wenn man auch anstrengende Aufgaben gerne und mit Freude ausführt. Di-Stress ist das absolute Gegenteil davon und bewirkt negative Gefühle. Di-Stress haben wir immer dann, wenn wir zum Beispiel einer Arbeit nachgehen, die uns gar keinen Spaß macht. Dann ist der Körper auf Abwehrhaltung und auf Krieg eingestellt. Er produziert negative Energien. Die Schlinge zieht sich immer weiter zu und sorgt so dafür, dass wir nicht mehr aus diesem negativen Teufelskreislauf herauskommen.

Terminhetze, Geld- bzw. Zukunftssorgen, pubertäre Phase der Kinder, Scheidung, Tod in der Familie und Krankheiten sind nur einige Auslöser für Stress. Doch auch weniger dramatische Ereignisse wie ein Berufswechsel, Ärger mit der Verwandtschaft, Streit mit dem Partner oder mit Freunden lösen Stress aus. Die Reaktion unseres Organismus auf diese vermeintlich unbedeutenden Stressreize ist die gleiche wie in der Situation mit dem Bären, auch wenn die heutigen Stressreize natürlich nicht akut unser Leben gefährden.

Das Problem ist, dass die Energie, die vorwiegend für Kampf und Flucht gebraucht wird, nun nicht mehr abgebaut werden kann. Da sich im Besonderen unsere Lebens- und Arbeitsbedingungen verändert haben, hat der moderne Mensch heute nur noch selten die Möglichkeit, seinen „Frust" körperlich abzureagieren. Es sei denn, die Umstände geben ihm die Möglichkeit, seinen Frust in einem Boxring auszutragen. Nun, ein Boxring muss es meiner Meinung nach gar nicht sein. Ein erheblicher Teil der so angestauten Stressenergie lässt sich noch immer am besten durch Bewegung und Sport abbauen. Wandern, Joggen, Schwimmen oder Spielsportarten haben sich als ideale Stresskiller erwiesen, wie das nachfolgende Beispiel zeigt.

Stellen Sie sich vor, Sie kommen nach einem langen und harten Arbeitstag nach Hause. Der ganze Tag war getaktet mit zahlreichen Terminen, bei denen Sie nicht nur präsent sein mussten, sondern auch volle Konzentration zeigen mussten. Es ging teilweise um unangenehme Themen. Einige Situationen waren dabei, in denen Sie sich mächtig geärgert haben. Mit diesen Erlebnissen kommen Sie nach Hause. Wie fühlen Sie sich? Ausgelaugt, kaputt, geschafft...! Es ist schon komisch, dass sich Ihr Körper so anfühlt, wo Sie doch körperlich nichts leisten mussten, oder?

Wenn möglich, sollten Sie, sobald Sie zu Hause angekommen sind, von einem Arzt eine Blutanalyse erstellen lassen, um Ihren Stresspegel zu messen. Danach setzen Sie sich aufs Sofa, essen, lesen oder schauen fern. Drei Stunden später, direkt vorm Zubettgehen, erfolgt eine weitere Messung des Stresspegels durch eine Blutanalyse. Sie werden feststellen, dass sich Ihr Stresslevel nahezu auf gleichem Niveau befindet. Sie werden sich übrigens den ganzen Abend lang kaputt fühlen.

Ich schreibe bewusst „wenn möglich". Schließlich kommt der Arzt ja nicht einfach deshalb zu Ihnen. Prüfen Sie, ob Sie diese „Untersuchung" unter anderen Umständen vornehmen können, einfach auch, weil Sie dann „live und in Farbe" Ihre Ergebnisse vor Augen haben. Davon geht eine ganz andere Motivation für „Ihre Genesung" aus.

Schlüpfen Sie direkt nach Ihrer Heimkehr in Ihre Laufschuhe, tauchen Sie blitzschnell unter dem inneren Schweinehund, der an Ihrer Tür wartet, durch und machen Sie 45 Minuten ein lockeres Ausdauertraining mit einigen Bewegungsübungen für Ihren Rücken im Anschluss. Zum Abschluss gönnen Sie sich eine schöne warme Dusche. Sie werden feststellen, dass Ihr Abend nun völlig anders verläuft. Die restlichen zwei Stunden essen, lesen oder schauen Sie fern. Messen Sie erneut vor dem Zubettgehen Ihren Stresspegel. Rund 30 Prozent der Stresshormone sind nun abgebaut. Das kann man messen, doch was viel schöner ist, Sie werden es auch fühlen. Über den ganzen Abend werden Sie den Unterschied positiv fühlen.

In meinen zehn Jahren, in denen ich als Personal-Trainer unterwegs war, habe ich mehrere 100 Klienten betreut. Alle diejenigen, die mindestens zwei Mal die Woche ein Ausgleichsprogramm über eine längere Zeit durchführten, gaben mir folgendes Feedback: *„Das fühlt sich viel besser an. Ich habe nach dem Duschen plötzlich wieder Energien, die mich den restlichen Abend wirklich genießen lassen. Auch mein Kopf ist wieder ‚wach‘."* Darüber hinaus ist die Schlafqualität messbar und gefühlt eine bessere. Keiner meiner Klienten gab als Feedback an, dass er/sie sich nach dem Sport schlechter fühlte. Wie erwähnt, sind das Ergebnisse aus zehn Jahren Arbeit, mithin also eine Art 10-Jahresstudie, die hier eine deutliche Sprache spricht.

Wie ist Ihre Meinung zu diesen Erfahrungen? Höre ich Sie in etwa Folgendes sagen: *„Das ist ja alles schön und gut und ich glaube das auch. Aber in der Praxis komme ich nicht an meinem inneren Schweinehund vorbei. Denn der verbaut die ganze Tür. Weil ich im dritten Stock wohne, fällt das Fenster als Alternative aus."*

Glauben Sie mir, mit diesem Problem stehen Sie nicht allein da. Jeder hat diesen inneren Schweinehund, auch Spitzensportler. Und doch gibt es ein probates Mittel, diesen „Hund" zu überwinden. Nehmen wir zum Beispiel unsere Fußball-Nationalelf und ihren Trainer, Jogi Löw, der die Jungs auf Trab hält. Nehmen wir ferner an, dass die nächste Fußball-Weltmeisterschaft nicht in Brasilien, sondern in Irland stattfindet. Deutschland spielt im Viertelfinale gegen England. Es herrscht das typische „tolle" irische Wetter: 10 Grad und von der ersten Minute an Regen. Nach anstrengenden 150 Minuten gewinnt Deutschland mit dem letzten Elfmeterschuss das Elfmeterschießen. Völlig durchnässt, fertig, aber auch glücklich über den Sieg, gehen die Spieler vom Platz. Sie alle möchten jetzt nur noch etwas essen, danach auf die Couch und die Füße hochlegen. Dürfen sie aber nicht. Sie müssen sich erst ausdehnen bzw. werden ausgedehnt. Sie kommen beim Physio auf die Bank, natürlich nicht, um sich eine Wellnessmassage abzuholen. Nach der Bank geht es ins kalte Eisbad bzw. unter die kalte Dusche, danach unter die warme. Nach diesem Procedere geht es zum Essen und dann ins Bett.

Glauben Sie mir. Diese Spieler haben definitiv keine Lust, dieses Programm zu absolvieren. Doch müssen sie es. Wenn in drei Tagen das Halbfinale ansteht, müssen die Jungs voll regeneriert sein, während sie bis dahin an den anderen Tagen ihre Trainingseinheiten absolvieren.

Ich kann davon ausgehen, dass Sie keinen Trainer Namens Jogi Löw an Ihrer Seite haben, der Sie zu Ihrem Sportprogramm „treibt". Deshalb müssen Sie sich einen Helfer „besorgen", der Ihren inneren Schweinehund im Zaum hält und Sie an Ihre Sporteinheiten erinnert. Bei der Suche nach diesem Helfer ist Kreativität gefragt. Ob der beste Freund, die beste Freundin oder sogar ein Hund, alles ist „erlaubt". Es muss nicht immer ein Personal-Trainer sein, auch wenn das Training mit ihm das effektivste ist, um die persönlichen Ziele zu erreichen.

Was ist normal?

In diesem Kapitel will ich den Versuch wagen, eine Antwort auf die Frage nach dem Normalen zu geben. Ich bin mir aber nicht sicher, ob es darauf die eine richtige Antwort gibt. Genauso wenig wie bei der Frage: Was ist Erfolg? Die Antwort ist immer relativ! Denn für ein zweijähriges Kind bedeutet Erfolg, nicht mehr in die Windeln zu machen. Für eine Vierzehnjährige bedeutet Erfolg, einen Freund zu haben. Mit 18 Jahren ein eigenes Auto nebst Führerschein zu besitzen, ist Erfolg. Mit 25 Jahren den Partner fürs Leben gefunden und geheiratet zu haben, ist ein sehr großer Erfolg. Wenn sich mit 30 Jahren der Kinderwunsch erfüllt, ist das Erfolg. Ein hohes Einkommen mit 45 Jahren zu haben, ist für manche wichtig, weil sie dann erfolgreich sind. Mit 50 Jahren noch aktiven Sex zu haben, ist ebenfalls Erfolg. Mit 60 Jahren finanziell frei zu sein, hat viel mit Erfolg zu tun. Wer mit 70 Jahren ohne Schmerzen lebt, kann sich erfolgreich glücklich schätzen. Und wer das Alter von 90 Jahren erreicht, gehört damit zu einer erfolgreichen Minderheit von Menschen, die dieses biblische Alter erreichen.

Das alles ist Erfolg. Was also ist normal?

Diese Frage stelle ich mir häufiger, nachdem ich ein sehr beeindruckendes Erlebnis hatte. Vor über 10 Jahren kam ein sympathischer, schwergewichtiger und erfolgreicher Unternehmer zu mir, um mich als seinen Personal-Coach zu engagieren. Er verkörperte in seiner Person das, was wir gemeinhin erfolgreich nennen. Er hat aus dem Nichts ein Unternehmen aufgebaut. Tag und Nacht arbeitete er an seinem Erfolg, sodass er keine Zeit hatte, daneben andere Dinge zu verrichten und damit auch keine sportlichen. In seiner Jugend und noch vor der Unternehmensgründung war er aktiver Ruderer. Nun aber verbrachte er einen Großteil seiner Freizeit auf Veranstaltungen, Partys und Empfängen, um wichtige Geschäftskontakte zu knüpfen. Was ihm auch gelang. Das sah man nicht nur an den äußeren Symbolen des Erfolges wie Auto, Uhr und Haus, sondern auch an seiner Leibesfülle. Hier wie dort wurden „leckere" Sachen gereicht, denen er sich nie widersetzte und so legte er mehr als 20 Kilo zu. Zudem war seine Ernährung sehr einseitig. Viel Fleisch und Kohlenhydrate, kein Fisch und schon gar kein Gemüse. Auch an flüssiger Nahrung sparte er nicht. Er gönnte sich des Abends gern etwas Hochprozentiges aus dem Spirituosenregal.

In dieser Lebenssituation kam er zu mir, weil es ihm physisch wie psychisch nicht gut ging. Er fühlte sich unwohl, ausgepowert, krank und zu dick. Es war buchstäblich 5 Minuten vor 12, und so freute ich mich, dass er sich entschieden hatte, diesem Elend ein Ende zu setzen. Also entwickelte ich ein maßgeschneidertes Programm für ihn, das auf Bewegung und Ernährung setzte. Für Letzteres entwickelte ich ein auf ihn abgestimmtes Ernährungsprogramm, das er auch bereitwillig annahm.

Nach einem halben Jahr waren die Ergebnisse sichtbar. Er hatte über 10 Kilo abgespeckt, ernährte sich gesund und fand zu einer erstaunlichen sportlichen Aktivität zurück. Mit Freude schaute er nun wieder in den Spiegel. Er fühlte sich rundum wohl. Wir waren also auf dem richtigen Weg. Doch meine Freude darüber wich mit einer einzigen Frage, die mir der Unternehmer stellte: *„Frank, wann kann ich endlich wieder normal essen?"*

Können Sie sich eine solche Frage vorstellen? Zehn Jahr lang quälte er sich durchs Leben, weil er nicht auf sich aufpasste. Das ungesunde Essen tat ihm nicht gut. Er nahm dadurch zu, seine Leistungsfähigkeit litt, genauso wie er unter seinem Aussehen litt. Alles ein Ergebnis des „normalen" Essens. Nachdem wir das geändert und sein Essverhalten umgestellt hatten, stellten sich die positiven körperlichen Veränderungen ein. Mehrfach bestätigte er mir, dass er sich rundum wohlfühlte. Dieses Ergebnis erreichten wir durch, aus seiner Sicht, „unnormales" Essen. Nun wollte er sein „normales" Essen zurück, das für all sein Leiden stand.

Eine traurige Entwicklung, die zeigt, wie wenig wir von „normal" und „unnormal" verstehen. Wie ist es um Ihre Essgewohnheiten bestellt. Essen Sie bereits „unnormal"? Wie steht es um Ihre Bewegung? Wie viel bewegen Sie sich wirklich und ganz ehrlich? Geht es Ihnen gut damit? Wie oft schalten Sie im Alltag auf Entspannung um, besonders in stressigen Momenten? Diese Entspannung kann ganz kurz ausfallen. Es geht hier weniger um Quantität als um die Qualität. Je besser sie sich für den Moment entspannen, desto konzentrierter können Sie die danach anstehenden Aufgaben und Herausforderungen des Alltags meistern. Ihre wichtigste Ressource für Ihre Gesundheit ist tatsächlich diese kurze Auszeit, die Sie sich nehmen (müssen). Denn ohne Gesundheit ist alles Andere nichts wert.

Ich hoffe, ich konnte mit meinen Ausführungen dazu beitragen, dass Sie zum einen bewusster und selbstkritisch auf sich und Ihre Gesundheit blicken. Zum anderen würde ich mir wünschen, dass Sie einige der beschriebenen Punkte in Ihrem Tagesablauf einbauen, sodass der Alltag insgesamt „leichter" zu meistern ist. Dabei wünsche ich Ihnen nun viel Erfolg, Spaß und Freude.

 www.rittersunsports.de

Guido Bonau

Der Erfolg ist mehr als die Summe aller Strategien

Guido Bonau
Der Erfolg ist mehr als die Summe aller Strategien

„Es ist eine der sonderbarsten Belohnungen im Leben, dass kein Mensch aufrichtig versuchen kann, einem anderen Menschen zu helfen, ohne sich selbst dabei etwas Gutes zu tun. "

Ralph Waldo Emerson

Was haben ein Kronprinz und ein Verkäufer gemeinsam? Sie kommen nackt zur Welt. Doch schon mit dem ersten Atemschrei könnten die sich abzeichnenden Unterschiede nicht größer sein. Der Kronprinz wird qua Geburt eines Tages den königlichen Thron besteigen. Er ist somit bereits als König geboren. Dabei spielt es keine Rolle, wie er die Zeit bis dahin verbringen wird. So ist z. B. William Arthur Philip Louis Mountbatten-Windsor, Duke of Cambridge, besser bekannt als Prinz William von England, studierter Geologe und SAR-Hubschrauberpilot. Er wird entweder seinem Vater, ebenfalls Prinz mit Namen Charles, oder aber seiner Großmutter, Königin Elisabeth II., auf den Thron Englands folgen. Der Verkäufer hingegen weiß in diesem Stadium seines Lebens noch nichts von seiner „Berufung". Er wird sie wahrscheinlich erst im Laufe seines Lebens entdecken, weil es ihn nicht wirklich gibt, den „geborenen" Verkäufer.

Der Beruf des „Mundwerkers" steht dem eines Handwerkers in nichts nach. Hier wie dort braucht es nicht nur die richtige Ausbildung, sondern im Besonderen auch Talent. Ein Tischler ohne handwerkliche Fähigkeiten wird kaum eine Chance haben, sich am Markt zu behaupten, ein Verkäufer ohne rhetorisches Talent ebenso wenig. Doch während der Handwerker das Gros seiner Arbeitszeit in der Werkstatt mit sich und dem zu fertigenden Teil verbringt, „werkelt" der Verkäufer mit einer Vielzahl von Kunden und Interessenten am „Point of Sales". Der Tischler, der Maler, natürlich auch der Bildhauer, sie „lieben" den Rohstoff, das Material, aus dem sie, buchstäblich durch Meisterhand, ihr Meisterwerk errichten. Der „Rohstoff" eines Verkäufers hingegen sind die Menschen und nicht die Produkte, die er verkauft. Autos kaufen genauso wenig Autos, wie Computer Computer kaufen. Hinter jeder Entscheidung steht immer ein Mensch. Erfolgreich ist der Verkäufer, der Menschen mag. Davon indes scheint es nur wenige zu geben. Wie sonst ist die ablehnende Haltung gegenüber Verkäufern in unserem Kulturkreis zu verstehen?

Fast jeder, der im Internet nach Informationen sucht, nutzt eine „Suchmaschine". In neun von zehn Fällen wird er dafür auf die Seiten von „Google" zurückgreifen. So wie man heute nicht nach einem Papiertaschentuch verlangt, sondern nach einem „Tempo", nicht nach einer Würze, sondern nach „Maggie", nicht nach einem Nuss-Brotaufstrich, sondern nach „Nutella", so sucht heute kein Mensch mehr, er „googelt". Dieses Wort hat inzwischen auch seinen festen Platz im Duden.

„Google" ist der führende „Informationsanbieter". Insofern können die Ergebnisse, die hier angezeigt werden, mehr oder weniger als repräsentativ angesehen werden. Wenn Sie nun in die Google-Textzeile einen Suchbegriff eintippen, öffnet sich im selben Moment unterhalb dieser Zeile ein Fenster, in dem Google Vorschläge unterbreitet, um die Eingabe zu beschleunigen. Diese Auflistung ergibt sich aus der Häufigkeit der gestellten Suchanfragen. Je öfter nach einem Begriff gesucht wird, desto eher taucht er in der Google-Vorschlagsliste auf. Sie ist so eine Art Top Ten der meistnachgefragten Begriffe. Dieses vorausgeschickt, ergibt folgendes Ergebnis, wenn Sie „Verkäufer sind…" eintippen:

- Verkäufer sind auch Menschen
- Verkäufer sind glückliche Verlierer
- Verkäufer sind dumm
- Verkäufer sind aufdringlich

Offen gestanden hat mich diese Liste überrascht. Ich hatte mit vielem gerechnet. Nur nicht mit einer solchen „ablehnenden" Haltung. Es erscheint keineswegs: Verkäufer sind...

- Problemlöser
- gute Berater
- faire Partner
- wichtig für die Wirtschaft
- die, die im Unternehmen die Arbeitsplätze sichern
- Umsatz- und Gewinnbringer

Nichts von alledem. Verkäufer werden als dumm und aufdringlich bezeichnet. Und, gibt es eine größere Verachtung, wenn zudem die Rede davon ist, dass Verkäufer auch Menschen sind? Was müssen diese Käufer mit ihren Verkäufern erlebt haben, wenn im Internet mehr Negatives als Positives über diesen so wichtigen Beruf zu finden ist? Vorbei sind sie doch schon längst, die Zeiten, in denen einige Verkäufer ihre Kunden mit der AUA-Methode (Anhauen, Umhauen, Abhauen) über den Tisch zogen.

Das, worauf wir uns konzentrieren, verstärkt sich

Und doch gibt es einige dieser Spezies noch. Wenige, aber noch immer zu viele. Ihr Einfluss auf das Image des Verkäufers ist enorm. Billigend nehmen sie in Kauf, dass durch ihr schädliches Verhalten ein ganzer Berufsstand unter Generalverdacht der persönlichen Vorteilnahme auf Kosten Dritter gestellt wird. Diese Situation ist vergleichbar mit einem Becher, in dem sich ein Liter Wasser befindet. Ich habe mir nie die Mühe gemacht, herauszufinden, wie viele Tropfen ein Liter Wasser hat. Aber auch so weiß ich, dass es nur einige wenige Tropfen Öl braucht, um diese zigtausend Tropfen Wasser derart zu verseuchen, dass niemand es mehr trinken würde. Ich habe gehört, dass ein Tropfen Öl 25 Liter Wasser verunreinigt. Dieses krasse Verhältnis zeigt, wie wenig es braucht, um im übertragenen Sinne eine Situation zu verunreinigen.

In der Analogie zu dieser Situation habe ich eine Bitte an Sie. Im Folgenden sehen Sie einige Additionen. Die Ergebnisse sind von meinem Sohn, der damals die erste Grundschulklasse besuchte. Bitte betrachten Sie Zeile für Zeile. Fällt Ihnen etwas auf?

1.) $1 + 1 = 2$
2.) $1 + 2 = 3$
3.) $2 + 2 = 5$
4.) $2 + 5 = 7$
5.) $5 + 3 = 8$
6.) $1 + 8 = 9$

Ich glaube, Ihre Antwort zu kennen. Sie haben natürlich erkannt, dass das Ergebnis unter Punkt 3 falsch ist. Nicht 5, sondern 4 ist richtig. Sehr gut beobachtet. Ist Ihnen noch etwas anderes aufgefallen?

Nein? Erinnern Sie sich an meine Frage? Ich wollte wissen, ob Ihnen an diesen Additionen etwas auffällt. So wie 99,9 % derer, die ich dazu befragte, haben auch Sie richtig erkannt, dass eine Addition falsch ist. Das aber war nicht meine Frage. Ich habe doch nicht danach gefragt, ob Ihnen etwas Negatives, also ein Fehler, auffällt. Und doch sprechen Sie als Erstes darüber. Sie können nicht anders. Wir alle sind einfach so konditioniert. Wir suchen eher Fehler, Schwächen und Probleme als Erfolge. Deshalb sehen wir in dieser Addition den Fehler und nicht die richtig gelösten Aufgaben. Die Tatsache, dass von 6 Aufgaben 5 richtig gelöst wurden, ist doch großartig für einen Erstklässler, und doch konzentrieren wir uns auf das eine falsche Ergebnis. Ich kann mir ausmalen, wie hier ein Lehrer reagiert: *„Du hast wieder nicht aufgepasst und eine Aufgabe falsch gerechnet."* Um wie viel größer wäre die Motivation des Schülers, wenn sein verantwortungsvoller Lehrer nicht tadeln, sondern loben würde: *„Von sechs Aufgaben hast du fünf richtig gelöst."*

Mir geht es um Bewusstmachung. Denn am Ende sind wir als Erwachsene genauso gestrickt wie der tadelnde Lehrer. Wir kaufen 20-mal ein und werden hervorragend bedient. Der Verkäufer gibt sich alle Mühe, uns zufriedenzustellen. Doch beim 21. Mal kommt es zu einem Problem, das der Verkäufer selbst unter größter Anstrengung nicht lösen kann. Resigniert verlassen wir sein Unternehmen. Werden wir die Angelegenheit auf sich beruhen lassen? Vielleicht, vielleicht auch nicht. Und so werden wir nun allen Bekannten, Freunden und Kollegen erzählen, was uns Schlechtes widerfuhr. Natürlich werden wir die anderen 20 positiven Begegnungen nicht erwähnen. Die sind Geschichte. Hand aufs Herz: Kommt Ihnen das bekannt vor? Und dann wundern wir uns über das schlechte Image des Verkäufers.

Keine Gesellschaft kommt ohne Verkäufer aus. Eine unumstößliche Tatsache. Selbst das beste Produkt lässt seinen Erfinder und Hersteller verhungern, wenn er es nicht verkauft. Nur der Verkauf bringt zuhauf das Geld ins Unternehmen. Deshalb ist es so wichtig, dass wir bekennen, dass auch wir in vielen Lebenslagen „gute Verkäufer" sind bzw. sein müssen. Frei nach dem Motto „friss oder stirb" sichert unser Verkaufstalent unsere Existenz:

- Ja, ich bin ein Verkäufer. Ich verkaufe meinem Chef meine Zeit, in der ich die mir aufgetragenen Aufgaben erledige.

- Ja, ich bin ein Verkäufer, weil ich in diesem Bewerbungsgespräch die Konkurrenz hinter mir lassen will.

- Ja, ich bin ein Verkäufer, weil ich als Servicetechniker unseren Kunden guten Service „verkaufe" und natürlich biete.

- Ja, ich bin ein Verkäufer, weil es mir gelungen ist, auf der Karriereleiter nach oben zu steigen.

- Ja, ich bin ein Verkäufer, weil meine Familie mit mir ans Meer fährt und nicht in die Berge, wo sie eigentlich hinwollte.

Ich habe keine Ahnung, wie viele Verkäufer in Deutschland aktiv sind. Mir ist nur eine Zahl aus der Finanzbranche in Erinnerung. Vor ein paar Jahren waren es noch 450.000 Berater. Sie würden sich nie „Verkäufer von Finanzprodukten" nennen. Sie wollen beraten und hoffen, so zu verkaufen. Heute dürften es deutlich weniger sein, weil sie nur noch mit entsprechender Zertifizierung und Ausbildung beraten dürfen. Ich bin mir sicher, dass das Gros der 450.000 Berater einen guten Job macht. Die paar wenigen fallen eigentlich nicht ins Gewicht, und doch sind sie der Grund für das schlechte Image eines ganzen Berufsstandes. Es ist doch vollkommen egal, ob Sie die Zeitung aufschlagen, im Internet surfen oder eine Verbrauchersendung bzw. Talkshow im Fernsehen anschauen, Schuld an allem sind eben „alle" Verkäufer. „Alle" deshalb, weil die „schwarzen Schafe" Teil dieser Berufsgruppe sind und anonymisiert ihr „Unwesen" treiben können. Weil die Zahl der Seriösen in dieser Gruppe um ein Vielfaches höher ist als die der Unseriösen, werden Letztere nicht „enttarnt". Sie bleiben unerkannt, und genau das macht sie so gefährlich.

Deshalb muss man sich nicht wundern, dass das Gros der Deutschen andere Berufe für vertrauenswürdiger hält als den Beruf des Verkäufers. In der alljährlich erscheinenden Studie von „Reader's Digest" konnten die Feuerwehrleute, Krankenschwestern und Piloten ihre Spitzenplätze in der Liste der vertrauenswürdigsten Berufe verteidigen. Das gilt leider auch für das untere Ende dieser Auflistung der Top 20. Wieder einmal sind es die Autoverkäufer und Politiker, denen die Befragten am allerwenigsten ihr Vertrauen schenken.

„Vertrauenswürdige Berufe"

Rang	Beruf	Beliebtheit in 2011
1.	Feuerwehrleute	95%
2.	Krankenschwestern	92%
3.	Piloten	91%
4.	Apotheker	87%
5.	Ärzte	84%
6.	Polizisten	79%
7.	Landwirte	77%
8.	Lehrer	66%
9.	Richter	59%
10.	Meteorologen	58%
11.	Taxifahrer	58%
12.	Rechtsanwälte	53%
13.	Priester, Pfarrer	37%
14.	Journalisten	31%
15.	Reiseveranstalter	27%
16.	Gewerkschaftsführer	26 %
17.	Finanzberater	17%
18.	Fußballspieler	15%
19.	Autoverkäufer	11%
20.	Politiker	9%

Verkaufen, was weg muss

„Der verkauft dem Papst ein Ehebett und den Eskimos Kühlschränke", so wird ein erfolgreicher Verkäufer für gewöhnlich charakterisiert. Ebenfalls ein Klischee längst vergangener Zeiten. Diese Zeiten beschreibt der Schweizer Schriftsteller und Kabarettist Franz Hohler in einer Kurzgeschichte[23] sehr kurzweilig. Der Verkäufer, um den es hier geht, wollte einem Elch eine Gasmaske verkaufen. Dieser Verkäufer war berühmt für seine außerordentlichen Erfolge. Nichts schien für ihn unmöglich. Er hatte einem Bäcker Brot, einem Kar-

toffelbauern Kartoffeln und einem Weinbauern Wein in Flaschen verkauft. Mit diesen Erfolgen prahlte er, wann immer sich die Gelegenheit dazu ergab. Nur bei seinen Freunden konnte er damit nicht punkten. Sie würden in ihm nur dann einen erfolgreichen Verkäufer sehen, wenn es ihm gelänge, einem Elch eine Gasmaske zu verkaufen. Also reiste der Verkäufer in den hohen Norden und ging zu dem Wald, in dem nur Elche wohnten. *„Guten Tag"*, sagte er zum ersten Elch, den er traf: *„Sie brauchen eine Gasmaske." – „Wozu?"*, wollte der Elch wissen. *„Die Luft ist gut hier"*, fügte der Elch weiter hinzu. *„Alle haben in diesen Zeiten eine Gasmaske"*, sagte der Verkäufer. *„Es tut mir Leid"*, entgegnete der Elch, *„aber ich brauche keine." – „Warten Sie nur"*, sagte der Verkäufer, *„Sie werden schon bald eine brauchen."*
Wenig später begann der Verkäufer damit, mitten im Wald, in dem nur Elche wohnten, eine Fabrik zu bauen. Die Freunde hielten ihn für verrückt. *„Bist du wahnsinnig?"*, fragten sie ihn. *„Nein"*, sagte der Verkäufer, *„ich will nur dem Elch eine Gasmaske verkaufen."* Als die Fabrik fertig war, stiegen so viel giftige Abgase aus dem Schornstein, dass der Elch bald zum Verkäufer kam und zu ihm sagte: *„Jetzt brauche ich eine Gasmaske." – „Das habe ich mir gedacht"*, sagte der Verkäufer und verkaufte ihm sofort eine *„Qualitätsware"*, wie er listigerweise anmerkte. *„Die anderen Elche brauchen jetzt auch eine Gasmaske"*, sagte der Elch. *„Haben Sie noch mehr?" – „Da habt ihr Glück"*, antwortete der Verkäufer, *„ich habe noch Tausende." – „Übrigens"*, fragte der Elch, *„was machst du in deiner Fabrik?" – „Gasmasken!"*

Diese Satire beschreibt sehr eindrucksvoll, wie die Arbeit eines Verkäufers vielfach gesehen wird. Verkäufer schaffen ein Problem, um sich daran zu bereichern. Zudem werden die schädlichen Folgen für die Umwelt billigend in Kauf genommen.

Doch die Zeiten ändern sich. Natürlich gab es sie, in denen vielfach so gearbeitet wurde. Obwohl noch Kind, erinnere ich mich sehr gut an die 1970er-Jahre. Ich hörte von speziellen Schiffen, die Dünnsäure in der Nordsee verklappten, von Autos, deren Motoren Unmengen von bleihaltigem Kraftstoff verbrauchten. Selbst kleinere Fahrzeuge verbrannten 20 Liter Sprit auf einhundert Kilometer. Dieselfahrzeuge qualmten wie Kohleöfen. Chemiefabriken an Rhein und

Ruhr ließen chemisch verunreinigtes Abwasser in den Fluss leiten. Ganz zu schweigen von den Holzschutzmitteln und Spanplatten, die vor Giftstoffen nur so strotzten.

Das alles ist inzwischen Geschichte, und das ist gut so. Zumindest an dieser Stelle, nicht aber, wenn es darum geht, an sich und seinen Fähigkeiten zu arbeiten. Hier geht es um die Zukunft, von der einst Wilhelm Busch schrieb: *„...und daher lautet der Beschluss, dass der Mensch was lernen muss."* Wie hoch ist Ihr Vertrauen in einen Chirurgen, der vor 30 Jahren das Operieren erlernt und seitdem nie wieder eine Fachzeitschrift gelesen oder an Fortbildungen teilgenommen hat, der sich der neuen Medizintechnik verweigert, weil er sie als Angriff auf die Fingerfertigkeiten eines ausgebildeten Chirurgen wertet? Warum nur glauben so viele Verkäufer, dass das Wissen aus der Zeit ihrer Berufsausbildung unantastbar ist und nie aufgefrischt werden muss?

Ich bin immer wieder überrascht, mit welcher Gleichgültigkeit einige Verkäufer durch ihr berufliches Leben ziehen. Die Zeit, in denen sie zuletzt die Schulbank drückten, ist schon so lange Geschichte, dass sich viele nicht einmal mehr daran erinnern, überhaupt eine Schule besucht zu haben. Mit dem Wissen von damals lavieren sie sich mehr schlecht als recht durch das Verkäuferleben. Gern bezeichnen sie sich als Autodidakten, die es natürlich nicht nötig haben, sich weiterzubilden. Man arbeite intuitiv, situationsbezogen und provisionsorientiert. Die Kunden habe man im Griff, und das bisschen Produktwissen eigne man sich in einer stillen Stunde an. Für diese tüchtigen Verkäufer ist jede Form der Weiterbildung verlorene Zeit. *„Geld wird im Vertrieb verdient",* so lautet ihr Credo. *„Da muss man raus zum Kunden. Da bleibt keine Zeit für erneutes Schulbankdrücken. Das bisschen neues Wissen kann man sich selbst aneignen."*

Übrigens, auch viele Unternehmer sehen es so. Noch immer mache ich die Erfahrung, dass in Sachen Weiterbildung, Schulung und Training der Mitarbeiter viel zu wenig getan wird. Unternehmer sehen häufig nur die Trainingskosten und nicht den Nutzen von motivierenden Trainings und Schulungen. Ihnen ist vielfach auch nicht bewusst, dass sie deutlich höhere Kosten haben, wenn sie ihre Mitarbeiter nicht schulen. Je demotivierter die Belegschaft, desto eher sind viele Angestellte bereit, das Unternehmen zu verlassen. Also müssen neue Mitarbeiter gesucht und eingestellt werden. Das ist um ein Vielfaches teurer als regelmäßige Schulungen.

Erfolgreiche Verkäufer warten nicht darauf, dass ihnen ihr Unternehmen Schulungen oder Trainings anbietet. Sie handeln eigenständig und investieren häufig auch aus eigener Tasche in ihre Weiterbildung. Eine bessere Investition als in sich selbst gibt es nicht. Davon war schon einer der Gründerväter der USA, Benjamin Franklin (1706-1790), überzeugt: *„Eine Investition in Wissen bringt noch immer die besten Zinsen."*

Genau deshalb sind erfolgreiche Verkäufer erfolgreich. Sie tun das, was andere nicht tun, und sie warten nicht auf passende Gelegenheiten, sie schaffen sie.

Die, die vorgeben, aus Zeitgründen keine Zeit für Weiterbildung und Trainings zu haben, verhalten sich wie ein Zimmermann, der damit beschäftigt ist, einen alten Schuppen abzureißen. Damit ihm dabei die Bretter nicht um die Ohren fliegen, beginnt er seine Arbeit auf dem Dach. Hier zieht er Stück für Stück jeden einzelnen Nagel aus dem Holz. Ein schwieriges Unterfangen, weil die Zange ihre besten Jahre hinter sich hat und so stumpf ist, dass die eingeschlagenen Nägel nur schwer zu greifen sind. In diesem Dorf passiert nicht viel, und so vertreibt sich der Nachbar die Zeit damit, dem Zimmermann bei der Arbeit zuzusehen. Nach einer Weile spricht er ihn direkt an: *„Meister, du könntest viel mehr Nägel herausziehen, wenn du deine Zange schärfst."* – *„Zum Schärfen habe ich keine Zeit",* entgegnet der Zimmermann, *„ich muss Nägel ziehen."*

„Jeder, der aufhört zu lernen, ist alt, mag er zwanzig oder achtzig Jahre zählen. Jeder, der weiterlernt, ist jung, mag er zwanzig oder achtzig Jahre zählen", sagte Henry Ford (1863-1947) zu einer Zeit, als es weder Internet, Handys noch eBooks gab. Umso mehr müssen wir uns in der heutigen digitalen Informationswelt weiterbilden. Wer vorgibt, keine Zeit zu ha-

ben, verstrickt sich in Ausreden. Er ist schlichtweg zu träge, erneut die „Schulbank" zu drücken. Wir haben heute mehr Zeit als alle Generationen vor uns. Nicht nur, weil wir länger leben, sondern weil wir weniger arbeiten. Statistisch gesehen leisten Europäer jährlich nur noch 1.550 Arbeitsstunden. Das sind rund 500 Arbeitsstunden pro Jahr weniger als noch 1960.

Weniger Arbeit, mehr *freie Zeit*
Tatsächliche Jahresarbeitszeit je Arbeitnehmer im internationalen Vergleich (in Std.)

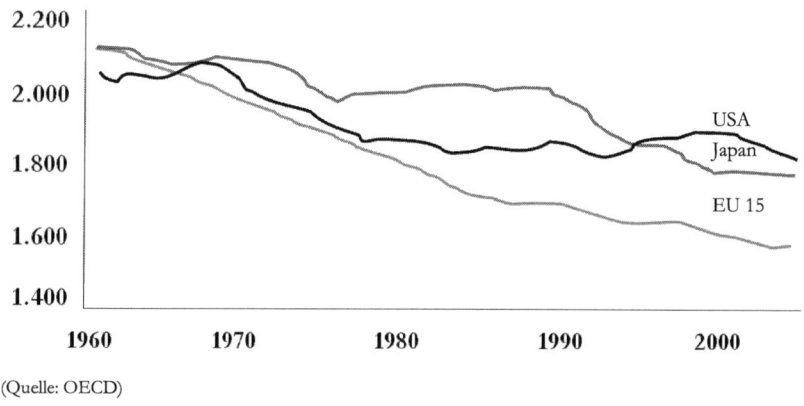

(Quelle: OECD)

Solche Entwicklungen überraschen nicht wirklich. Bereits vor 2.500 Jahren formulierte der griechische Philosoph Heraklit von Ephesus ein „Naturgesetz": *„Nichts ist so beständig wie der Wandel."*

Es gab sie tatsächlich, diese Menschen, die über alles Wissen ihrer Zeit verfügten. Das letzte Universalgenie war Dr. Gottfried Wilhelm Leibniz (1646-1716). Er war Philosoph, Wissenschaftler, Mathematiker, Diplomat, Physiker, Historiker, Politiker und Bibliothekar, um nur einige seiner ausgeübten Berufe zu nennen. Sicher eine herausragende Leistung zu dieser Zeit, die es so nicht mehr geben wird. In einer einzigen Ausgabe einer überregionalen Tageszeitung finden Sie heute mehr Informationen als den Menschen um 1500 insgesamt zur Verfügung standen. Das Wissen hat sich exponentiell entwickelt, und niemand ist mehr in der Lage, auf alle Fragen eine Antwort zu haben. Das ist auch nicht wichtig, nicht nur, weil es Google & Co. gibt. Hier gesucht, heißt gefunden. Viel wichtiger ist heute, sich zu spezialisieren, Experte zu werden auf seinem Gebiet. Dabei denke ich nicht an Schauspieler, Unternehmer und Verkäufer, sondern an jeden Einzelnen. Ein angestellter Sachbearbeiter kann genauso „der Experte" in seinem Unternehmen sein, wie der Lagerist. Es geht darum, besser zu sein als andere. Und weil die Konkurrenz bekanntlich nicht schläft, ist Weiterbildung ein Muss.

„*Stillstand ist der Tod*", schrieb Max Fritsch in seinem Drama „Triptychon", während Herbert Grönemeyer in seinem Song „Bleibt alles anders" davon zu singen wusste:

> „*...Es gibt viel zu verlieren. Du kannst nur gewinnen. Genug ist zu wenig. Oder es wird so wie es war. Stillstand ist der Tod, geh voran, bleibt alles anders. Der erste Stein fehlt in der Mauer. Der Durchbruch ist nah...*"

Somit ist klar, worum es in heutiger Zeit geht: „*Wer nicht mit der Zeit geht, der geht mit der Zeit.*" Und so sind es dann auch die weiter vorne beschriebenen „Verkäuferpersönlichkeiten", die nicht mit der Zeit gehen, an altem Wissen festhalten und sich dann wundern, dass sie nun mit der Zeit gehen müssen, und zwar zum Arbeitsamt bzw. Jobcenter. Sie wechseln ihren Arbeitgeber wie andere Leute ihre Schuhe. Gäbe es nicht den PC mit seinen Speichermöglichkeiten, sie müssten Tage an einer Schreibmaschine verbringen, um ihren Lebenslauf, der sich mit jeder neuen Kündigung verlängert, zu Papier zu bringen. Nicht Quantität entscheidet über Hopp oder Top, sondern Qualität.

Die Berufsbezeichnung „Verkäufer" reduziert sich für mein Verständnis nicht nur auf den klassischen Verkäufer im Innen- oder Außendienst. Ich spreche hier von einer Gruppe, zu der eine ganze Reihe von Verkäufern gehört, wie z. B. die Mitarbeiter im Call-Center, in der Auftragsbearbeitung, in der Reklamationsabteilung, in der Abteilung für Kommission und Versand. Selbst der Auslieferungsfahrer ist ein wichtiges Mitglied in dieser Gruppe. Er ist es, der durch die Aufgabenverteilung als Letztes dem Kunden gegenübertritt.

Wie sieht der Kunde die Mitarbeiter Ihres Unternehmens, für das Sie aktiv verkaufen?

So?   Oder so?

In welchem Zustand sind die Lieferfahrzeuge, mit denen die Ware an Ihre Kunden geliefert wird?

In diesem?   Oder in diesem?

Drückt das Unternehmen seine Wertschätzung gegenüber seinen Kunden bereits auf dem Firmen-Parkplatz aus?

Oder stellt die Geschäftsleitung klar, wer wo zu parken hat?

Es sind häufig die Kleinigkeiten, die den Ausschlag geben. Deshalb ist es so wichtig, auf kleine Dinge große Aufmerksamkeit zu legen.

„Wie du kommst gegangen, so wirst du empfangen", weiß eine Redensart. Wer ungepflegt zu einem Kunden kommt, zerstört mit einem Schlag das bis dahin positive Bild, das der Käufer von diesem Unternehmen hat. „Kleider machen Leute", sagt ein Sprichwort. Mit anderen Worten: Da muss man noch nicht einmal etwas gesagt haben, um von seinem Gegenüber in eine „Schublade" gesteckt zu werden. Etwas, was weniger erfolgreiche Verkäufer nie begreifen werden. Ich kenne Autoverkäufer, die laufen herum, als kämen sie mit den Klamotten gerade vom heimischen Sofa. Darauf angesprochen höre ich, dass sie Gebrauchtwagen im unteren Preissegment verkaufen. Ihrer Meinung nach legen ihre Kunden nicht so einen großen Wert auf das Äußere. Irrtum! Natürlich legen sie Wert darauf. Jeder Mensch hat eine bestimmte Erwartung, wenn er das erste Mal mit einem ihm bis dahin fremden Menschen zusammenkommt. Sie auch! Sie haben ein klares Bild von Ihrem Arzt. Er trägt weiße „Arbeitskleidung". Sie

haben auch eine klare Vorstellung von der Arbeitskleidung eines Schornsteinfegers. Erwartet ein Schornsteinfeger, der im Begriff ist, ein Auto zu kaufen, einen Autoverkäufer in der Arbeitskleidung eines Kaminfegers? Er erwartet einen Autoverkäufer, der wie ein solcher gekleidet ist: gepflegter Anzug und Schuhe, Hemd und Krawatte.

Es geht nie darum, was wir wollen, sondern was der Kunde will. Erfüllen wir seine Erwartung nicht, weil wir uns z. B. „artfremd" kleiden, verschenken wir nicht nur Wirkung, wir erschweren auch den Kundenzugang. Wir müssen unseren Kunden mit allen Sinnen „erreichen". Das schaffen wir nur, wenn dieser nicht abgelenkt ist. Eine „falsche" Kleidung lenkt genauso ab wie eine ungepflegte Erscheinung.

In allem, was wir tun, wirken wir. Nicht wirken geht genauso wenig wie nicht kommunizieren.

„Man kann nicht nicht kommunizieren"

erkannte der österreichische Psychologe und Kommunikationswissenschaftler Paul Watzlawick. Anders gesagt: *„Unsere Zunge kann lügen, unser Körper nie."* Wer vorgibt, bei Preisverhandlungen nie die Nerven zu verlieren, sich aber verlegen an die Nase greift, spricht, auch wenn er nichts sagt! Diese unbewussten Gesten sind es, die wir Menschen sehr genau registrieren. Für unser Überleben war das Erkennen dieser und vieler anderer nonverbaler Aktivitäten wichtig. „Flucht oder Kampf", diese Frage stellte sich der Mensch zu einer Zeit, in der er noch damit rechnen musste, auf einen Säbelzahntiger oder ein Mammut zu treffen. Dann zählte jede Sekunde. Die falsche Entscheidung und das Leben endete jäh.

Auch wenn wir schon seit Jahrtausenden sesshaft sind und zudem weniger mit Raubtieren dieser Art zu tun haben, so blieben diese Reflexe, die wir weder kontrollieren noch beherrschen können. Für den unsicheren Verkäufer macht es aus meiner Sicht auch gar keinen Unterschied, ob er sich mit einem Mammut aus dem Tierreich herumschlagen muss oder, natürlich nur im übertragenen Sinne, mit einem Mammut in Gestalt eines knallhart verhandelnden Unternehmers. Schweißperlen bilden sich auf der Stirn des Verkäufers, seine Fingernägel sind angekaut, und bei jeder Frage des Kunden zuckt er leicht zusammen. Diese nonverbalen Botschaften weiß der gewiefte Unternehmer (Kunde) zu deuten: *„Der Verkäufer ist zu knacken. Da geht noch was. Mal sehen, wie weit ich den Preis noch drücken kann."*

Wer mit der Zeit geht, weiß, dass alles erlernbar ist. Auch das Verkaufen.

In einer Welt, in der sich die Produkte immer ähnlicher werden und fast jeder Lieferant von gleich auf sofort ausgetauscht werden kann, verlieren diese Faktoren allerdings an Bedeutung. Und so kommt es am Ende auf eines an: auf den Verkäufer, der mit Leib und Seele seinen Beruf als das lebt, was er ist: seine Berufung.

Womit die Frage im Raum steht, was den erfolgreichen von dem weniger erfolgreichen Verkäufer unterscheidet. Es sind die 7 Faktoren für Ihren Verkaufserfolg:

Faktor Nr. I   : Erfolgreiche Verkäufer reden zu viel.
Faktor Nr. II   : Erfolgreiche Verkäufer sind selbstverliebt.
Faktor Nr. III   : Erfolgreiche Verkäufer sind wirr.
Faktor Nr. IV   : Erfolgreiche Verkäufer sind Versager.
Faktor Nr. V   : Erfolgreiche Verkäufer sind ohne Ziel.
Faktor Nr. VI   : Erfolgreiche Verkäufer sind aufdringlich-

Diese 7 Faktoren und das neue Bewusstsein einer neuen Zeit, einer neuen digitalen Zeit, verlangen nach Ihnen, dem Verkäufer mit der größten Leidenschaft. Die Prognose von Prof. Dr. Markku Wilenius, Senior Advisor Group Economic Research and Corporate Development der Allianz SE[24], unterstreicht meine These: *„Wir erwarten ein Jahrzehnt, in dem Kunden an Macht gewinnen und Unternehmen mehr denn je gefordert sein werden, individuelle Lösungen anzubieten – mit messbaren Resultaten für den Kunden. Das Verhältnis zwischen Kunden und Unternehmen wird sich verändern. Die neue Partnerschaft zwischen Kunden und Dienstleister* *verlangt eine andere Art der Interaktion ... Der Konsument gewinnt gegenüber dem Unternehmen an Macht – erkennt aber auch dessen Bedeutung als Service-anbieter und Experte an: Da das Leben komplexer und Zeit ein knapperes Gut werden wird, gewinnen persönliche Hilfeleistungen bzw. Assistance an Bedeutung. Kunden suchen zusehends Hilfe bei Coaches, Beratern und Therapeuten, um wichtige Entscheidungen an vertrauenswürdige Quellen auszulagern. Die Qualität der Beratung sowie das Zuschneiden der Serviceleistung auf individuelle Bedürfnisse werden hier zu den Schlüsselqualifikationen des Unternehmens zählen.*" Schauen wir uns nun die sieben Faktoren für noch mehr Erfolg im Verkauf an.

I. Erfolgreiche Verkäufer reden zu viel

Erfolgreiche Verkäufer reden viel und gern, aber nur in privaten Gesprächen. Im Verkaufsgespräch halten sie sich zurück. Auch wenn es schwer fällt, weil wir Menschen als soziale Wesen immer gern und viel reden. Nur der erfolglose Verkäufer spricht pausenlos auf den Kunden ein. Er redet ihn sprichwörtlich in Grund und Boden.

Der erfolgreiche Verkäufer hingegen räumt dem Kunden die meiste Redezeit ein, während er selbst wenig sagt. *„Wer fragt, führt"*, nach dieser Erfolgsregel handelt dieser Verkäufer. Mit den richtigen Fragen lockt er den Kunden aus der Reserve. So erfährt er Details von ihm oder über ihn. Oft sind es gerade die Dinge, die zwischen den Zeilen herauszuhören sind, die am Ende über ein Hopp oder Top entscheiden. Je mehr Detailwissen der Kunde von sich preisgibt, desto gezielter kann der Verkäufer sein Angebot ausarbeiten. So kommt er ohne lange um den Brei herumreden zu müssen, auf den Punkt. Und der Kunde fühlt sich verstanden! Punkt.

Natürlich sprechen sie ihr Gegenüber mit Namen an. Nichts hört ein Mensch lieber als seinen eigenen Namen. Dabei achten erfolgreiche Verkäufer penibel darauf, diesen Kundennamen richtig auszusprechen. Nicht ist peinlicher, als Herrn Horstmann mit Herr Korkmann oder Frau Rademacher mit Frau Badewasser anzusprechen. Gerade dann, wenn der Gesprächspartner keine Visitenkarte zur Hand hat, ist es wichtig, den Namen richtig zu notieren. Erfolgreiche Verkäufer sind selbstverständlich nie darum verlegen, sich den Namen buchstabieren zu lassen, um auf Nummer sicher zu gehen. Mehr Wertschätzung kann man einem anderen nicht zukommen lassen.

Erfolgreiche Verkäufer sind beliebt und „wichtig". Deshalb müssen und wollen sie natürlich erreichbar sein. Sprich: Ihr Handy ist ihr ständiger Begleiter. Aber nur so lange, wie sie in keinem persönlichen Verkaufsgespräch stecken. Von dem Moment an, wo sie dem Kunden leibhaftig gegenübersitzen, wird das Handy auf „Standby" ohne Ton gestellt. So wird keiner der beteiligten Gesprächspartner abgelenkt. Das ist ein Grund, nicht aber der ausschlaggebende.

Ein Verkäufer, der ein Gespräch unterbricht, um ans Handy zu gehen, sendet eine verheerende Botschaft aus. Der Anrufende ist ihm wichtiger als der vor ihm sitzende Gesprächspartner. Mit dieser unbedachten kleinen Geste wird das Ego des Gegenübers angekratzt. Also ist es nur eine Frage der Zeit, bis die „Rache" folgt. Spätestens beim Preis ist es wieder da, das „alte" Ego des Käufers, der nun zeigt, wer jetzt noch die Hosen anhat. Daher gilt: Hände weg vom Handy, solange Sie im Verkaufsgespräch sind.

II. Erfolgreiche Verkäufer sind selbstverliebt

„Erfolgreiche Verkäufer sind selbstverliebt, wenn sie auf ihre Erfolge blicken." Ansonsten steht für sie der Kunde im Mittelpunkt. Deshalb tauschen erfolgreiche Verkäufer drei Buchstaben gegen drei andere aus:

$$I \implies S$$
$$C \implies I$$
$$H \implies E$$

Wenn sie mit ihren Kunden reden, dann reden sie vom SIE und weniger vom ICH. „*Guten Tag, Herr Kunde, ich freue mich, dass Sie Zeit für mich haben. Ich habe schon alles vorbereitet. Ich habe das Angebot dabei, genauso wie ein Muster, das mir unser Lagerist mitgab. Ich denke, wir sprechen erst über mein Angebot. Danach zeige ich Ihnen das Produkt. Ich denke, dass wir dafür zehn Minuten brauchen. Darf ich anfangen?"*

Ich, ich und nochmals ich. Wer so spricht, bringt sich um seinen Erfolg. Es ist der Kunde, der im Mittelpunkt steht, und nicht das Ego des Verkäufers. *„Guten Tag, Herr Kunde, danke, dass Sie sich die Zeit nehmen. Sie baten um ein Angebot. Möchten Sie, dass wir darüber sprechen? Möchten Sie auch ein Muster sehen, das unser Lagerist extra für Sie bereitgestellt hat? Wir brauchen dafür 10 Minuten. Ist es Ihnen recht, wenn wir jetzt beginnen?"* Beim „Ich-bezogenen" Verkäufer fällt siebenmal „ICH". Beim „Sie-bezogenen" Verkäufer kein einziges Mal. So fühlt sich der Kunde wertgeschätzt. Ähnlich schlecht ist das Gros der Internetseiten aufgebaut. Neben einem überflüssigen und wirklich an Dämlichkeit nicht mehr zu überbietenden „Herzlich Willkommen" finden sich selbstverliebte Hinweise:

- „Wir sind das beste Haus am Platz."
- „Wir über uns."
- „Wir sind der erste Ansprechpartner, wenn es um XY-Produkte geht…"
- „Wir garantieren den besten Service."
- „Wir liefern in 24 Stunden."

Wie fühlen Sie sich als Kunde, wenn der, dem Sie Ihr Geld geben wollen, nur von sich spricht und Sie kein einziges Mal direkt anspricht.

„Wo ist der Vorteil für mich?" Diese Frage stellt sich jeder Besucher einer Internetseite. Er sucht zum einen seinen Vorteil. Zum anderen will er mit einem Blick erkennen, wofür das Unternehmen steht. Eine Internetseite, die nicht sofort klipp und klar formuliert, worin der Nutzen für den Besucher dieser Seite liegt, hat keine Chance, auch nur einen Interessenten darüber zu gewinnen. Wir leben im Klick-Zeitalter. Mit einem Klick gefunden, mit einem Klick verschwunden. Der Erstbesucher einer Internetseite entscheidet in einem Bruchteil

von einer Sekunde, ob er sich Zeit nehmen wird, die Inhalte zu lesen, oder ob er sofort wieder ins Nirwana des Netzes verschwindet. Klick und weg.

III. Erfolgreiche Verkäufer sind wirr

Erfolgreiche Verkäufer sind wirr, wenn sie zu wenig geschlafen haben. Das kommt allerdings nur selten vor, weil sie ihren Tagesablauf perfekt organisiert haben. Sie haben Zeit für die Arbeit und Zeit für ein privates Leben. Sie sind nie Getriebene.

Zeit ist es auch, die sie dem Kunden einräumen, wenn er mit ihnen spricht. Weniger erfolgreiche Verkäufer glauben, sie müssten die meiste Zeit selbst reden, während der Kunde zuzuhören hat. Und so sprechen sie 80 Prozent der Zeit, während sie ihrem Kunden nur kümmerliche 20 Prozent einräumen. Traut sich der Kunde dann noch nachzufragen, antworten diese Verkäufer belehrend:

- „Ich hatte Ihnen doch gesagt, dass..."
- „Da haben Sie nicht richtig zugehört, denn ich sagte doch vorhin, dass..."
- „Das ist wirklich eine dumme Frage, denn wenn..."
- „Da haben Sie nicht aufgepasst, ich sagte..."
- „Ich erlaube mir einmal, dass..."
- „Sie haben doch gar keine Ahnung, wenn Sie das so behaupten, dann haben wir mit unserem Produkt..."

Einmal abgesehen von dem unflätigen Verhalten des hier beschriebenen Verkäufers, so würden erfolgreiche Verkäufer zwei Begriffe nie verwenden: sagen und erlauben. Wer etwas zu sagen hat, wirkt belehrend. Deshalb beginnt der perfekte Verkäufer auch nie einen Satz mit *„Ich sage Ihnen mal was..."* Ebenso ist es unhöflich, sich selbst etwas zu erlauben: *„Lieber Kunde, ich erlaube mir einmal, ..."*

Der erfolgreiche Verkäufer nimmt jede Frage ernst, belehrt nie und bestärkt den Kunden in seinem Verhalten:

- *„Gut, Herr Kunde, dass Sie nachfragen. Gern zeige ich Ihnen…"*
- *„Das ist eine gute Frage, denn…"*
- *„Darf ich Ihnen das gerade noch einmal zeigen, damit es wirklich in Fleisch und Blut übergeht?"*
- *„Wie ich eingangs schon erwähnte, handelt es sich um…"*

Natürlich gibt es sie, die Zweifler, die mir an dieser Stelle in den Blog schreiben würden, dass ein einziges Wort niemals über so viel Kraft verfügen kann, dass dadurch der Verlauf eines Gespräches eine völlig andere Richtung nimmt. Diese ihre Meinung sei ihnen unbenommen. Bevor Sie mit Ihrer Meinung in das gleiche Horn blasen, habe ich eine kleine Bitte an Sie. Bitte denken Sie jetzt nicht an den wunderschönen Eiffelturm im Herzen von Paris, der nachts stärker leuchtet als das heimische Schützenfest und der mit seiner Höhe von mehr als 350 m einen einzigartigen Ausblick über die Stadt der Verliebten beschert.

Und, wie ist es Ihnen ergangen?

99,9 Prozent derer, denen ich diese Frage stellte, haben diesen Eiffelturm vor ihrem geistigen Auge gesehen. Einfach deshalb, weil sie nicht an die Kraft des Wortes glaubten.

IV. Erfolgreiche Verkäufer sind Versager

Erfolgreiche Verkäufer sind Versager, weil sie wissen, dass sie nur so zum Ziel kommen. Sie orientieren sich an Persönlichkeiten, die es ihnen vorgelebt haben, wie z. B. der einstige Basketball-Superstar Michael Jordan[25]: *„Ich habe in meiner Karriere 9.000 Würfe danebengeworfen. Ich habe fast 300 Spiele verloren. 26-mal wurde mir der alles entscheidende*

Wurf anvertraut – und ich habe ihn verfehlt. Ich habe immer und immer wieder versagt in meinem Leben, und daher war ich so erfolgreich."

„Ebbe und Flut, Kaufmannsgut", lehrt eine hanseatische Redensart. So wie im Sport, so gibt es auch in der Geschäftswelt Höhen und Tiefen. Zum einen, weil die Konjunktur lahmt, und zum anderen, weil einige Branchen stark vom Saisongeschäft abhängig sind. Der Spielwarenhandel macht zum Beispiel mehr als die Hälfte seines Umsatzes in den Monaten November und Dezember eines Jahres. Da kann sich ein erfolgreicher Verkäufer noch so anstrengen, die restlichen zehn Monate wird er keinen überragenden Umsatz machen, es sei denn, sein Produkt ist zeitlos oder er hat einen ganz besonders trendigen Artikel.

Ein erfolgreicher Verkäufer lässt sich in umsatzschwächeren Monaten nicht entmutigen. Er wird beständig, korrekt und gewissenhaft arbeiten, um den Start in das Saisongeschäft nicht zu verpassen. Erfolglose Verkäufer resignieren schnell und versuchen, teilweise mit chaotischen Aktivitäten, den Umsatz um jeden Preis zu puschen. Sie erreichen das Gegenteil, weil sie nicht als Person ernst genommen werden. Kunde wie Einkäufer erkennen sehr schnell, wen sie vor sich haben. Getreu dem Motto: *„Wer nichts weiß, verkauft über den Preis."*

V. Erfolgreiche Verkäufer sind ohne Ziel

Erfolgreiche Verkäufer sind nie ohne Ziel unterwegs. Sie wissen ganz genau, was sie wollen. Der US-amerikanische Schriftsteller Mark Twain formulierte das Problem, mit dem sich die weniger erfolgreichen Verkäufer plagen: *„Nachdem wir unser Ziel aus den Augen verloren, verdoppelten wir unsere Anstrengungen."* Die erfolgreichen Verkäufer verhalten sich wie einst Sokrates: *„Als ich merkte, dass von Leuten mit gleichen Fähigkeiten die einen sehr arm, die anderen aber reich sind, verwunderte ich mich, und es schien mir eine Untersuchung wert, wie das kommt. Da stellte sich nun heraus, dass das ganz natürlich zuging. Wer nämlich ohne*

Plan handelte, an dem rächte es sich; wer sich aber mit angespanntem Verstand bemühte, der arbeitete schneller, leichter und Gewinn bringender. "

Wer nicht wirklich weiß, wem er etwas verkaufen kann, wird durch hektische Betriebsamkeit seine Erfolge nicht verbessern. Der erfolgreiche Verkäufer weiß immer, wohin er will. Er weiß, mit welchen Kunden er welche guten Geschäfte tätigen kann. Der erfolglose Verkäufer weiß das nicht und muss nun jeden Tag wesentlich mehr Kunden besuchen, um die Chance auf einen Abschluss zu erhöhen. Er arbeitet nach dem Prinzip „Hoffnung". Doch Qualität geht vor Quantität! Lieber ein paar wenige Qualitätskunden als tausende, die so gut wie kein Interesse an einer Zusammenarbeit haben.

Kunden, die nicht ausreichend betreut werden, neigen dazu, dort zu kaufen, wo der Preis gerade am günstigsten ist. Auch, wenn diese Produkte manchmal etwas schlechter sein mögen. Ein Verkäufer, der seine Kunden optimal betreut, wird auch über den Preis verhandeln, doch am Ende wird der Kunde bei ihm kaufen, der Qualität wegen, die sich nicht nur auf das beste Preis-Leistungs-Verhältnis beschränkt, sondern auch auf den Service.

Je besser der Service, desto schneller werden aus Neukunden Stammkunden. Das ist gut so, weil es die Kosten im Unternehmen senkt. Denn die Neukundenakquise zählt zu den größten Kostentreibern im Kundenmanagement. Das ist das Ergebnis einer Studie von Steria Mummert Consulting. Demnach ist es fünfmal so teuer, einen Neukunden zu akquirieren, wie einen Bestandskunden zu halten.

VI. Erfolgreiche Verkäufer sind aufdringlich

Erfolgreiche Verkäufer sind aufdringlich, wenn es darum geht, besser als die Konkurrenz zu sein. Für sie endet ihre Arbeit nicht mit der Vertragsunterschrift. Sie fängt damit erst an. So deute ich das Ergebnis einer Studie[26], die das Managementberatungs- und Marktforschungsunternehmen MSR Consulting für die hart umkämpfte Versicherungsbranche erstellte: *„...Kunden sind zufriedener, je öfter sie Kontakt zu ihrem Versicherungsvermittler haben. Dabei wiesen die Versicherungsnehmer die höchste Zufriedenheit auf, bei denen die Initiative für den Kontakt nicht von ihnen, sondern von Vermittlerseite ausging."*

Es dauert sehr viel länger, aus einem Interessenten einen Kunden zu machen als ein Telefonat mit einem Bestandskunden zu führen. Wer sich täglich eine Stunde Zeit nimmt und in dieser Zeit Kontakt zu seinen Kunden aufnimmt, wird es immer schaffen, mindestens einmal im Jahr dort auch persönlich vorstellig zu werden. Im besten Fall werden hier nicht nur neue Verträge geschlossen, sondern auch Empfehlungen seitens des zufriedenen Käufers ausgesprochen. Wer überzeugen will, braucht einen Zeugen. Nichts ist deshalb leichter, als beim Erstkontakt den Empfehlungsgeber als Zeugen für seine gute Arbeit zu nennen.

Die Kunden verlangen nach Betreuung. Sie wollen in einer Welt, in der sich die Produkt- und Dienstleistungsangebote exponentiell entwickeln, mehr Hilfe, mehr Unterstützung. Die Angst ist groß, etwas Falsches zu unterschreiben bzw. zu kaufen. Für erfolgreiche Verkäufer eine riesige Chance, sich hier zu behaupten.

Seit Jahren schon kämpfen Versicherungsgesellschaften um jeden Kunden, weil immer mehr wechselbereit sind. War es 2005 nur knapp jeder Dritte (30 Prozent), der einen Wechsel in Betracht zog, ist es heute bereits jeder Zweite (48 Prozent). Zu dieser Feststellung kommt das Branchenblatt[27] „Kundenmonitor Assekuranz". Befragt nach den Gründen für einen Wechsel fördert die Studie Interessantes zu Tage. Die Befragten wechseln nicht, wie man gemeinhin annehmen könnte, des Preises wegen, sondern, im weitesten Sinne, wegen Missachtung durch ihren Berater: *„Wenn ich das Gefühl habe, bei meiner Versicherung in guten Händen zu sein, ist der Preis für mich zweitrangig."* Erfolgreiche Verkäufer kümmern sich um ihre Kunden. Sie sind ihre Lebensversicherung für fortlaufenden Umsatz. Diese Feststellung gilt für alle Branchen.

VII. Erfolgreiche Verkäufer sind gläubig

Erfolgreiche Verkäufer sind gläubig. Sie glauben an sich und ihren Erfolg, so wie es einst der römische Kaiser Marc Aurel (121 v. Chr.) formulierte: *„Wenn für dich eine Sache schwer zu bewältigen ist, darfst du nicht gleich denken, sie sei für Menschen unmöglich. Du musst vielmehr glauben, wenn überhaupt etwas für den Menschen möglich ist und in seinem Bereich liegt, dann ist es auch für dich erreichbar."*

Erfolgreiche Verkäufer erinnern sich natürlich auch an den bekannten Bibelspruch: *„Euch geschehe nach eurem Glauben"*, oder wie Immanuel Kant es sagen würde: *„Wer sich selbst zum Wurm macht, darf sich nicht wundern, wenn er getreten wird."* Sprich: Wer sich mit Versagern abgibt, darf nicht überrascht sein, wenn er selbst versagt. Wer sich mit Spielern einlässt, wird schnell selbst zum Spieler.

Diese meine Ausführungen müssen Sie nicht glauben. Ich beweise es Ihnen gern, dass die Dinge genau so und nicht anders funktionieren.

Bitte nehmen Sie ein Blatt Papier und zerknüllen es zu einem Ball. In drei Meter Entfernung stellen Sie einen Papierkorb auf. Stellen Sie sich nun vor, wie Sie diesen Ball treffsicher in den Korb werfen. Mit diesem klaren Bild vor Augen werfen Sie den Ball. Wie ist es Ihnen ergangen? In 6 von 10 Fällen verfehlt der Ball sein Ziel. Aus einem einzigen Grund: Die, die sich vor ihrem geistigen Auge vorstellen, wie die Flugbahn des Balls verlaufen wird, um den Korb zu treffen, sind Meister der Visualisierung, aber Zweifler. Trotz positiver Bilder überwiegen die Zweifel nicht zu treffen, weil sie in ihrem Unterbewusstsein nicht davon überzeugt sind, etwas zu können. Hier sitzt nämlich diese als „kleiner Mann im Ohr" verschriene Stimme, die nie verstummt. Tief aus dem Unterbewusstsein steigt sie just in den Momenten auf, wo man endlich einmal beweisen will, dass man auch über sich selbst hinauswachsen kann. Weil die meisten es nicht können, überwiegt das negative Gefühl, das die positiven Überzeugungen verdrängt.

Und so könnte der innere Dialog dann aussehen:

- „Ich hab dir doch gleich gesagt, dass du es nicht schaffen kannst."

- „Suche dir einen besseren Job als Verkäufer."

- „Du wirst es als Verkäufer nicht weit bringen."

- „Verkäufer sind schlechte Menschen, also löse dich von diesem Beruf."

- „Du kannst nicht verkaufen."

- „Du bist ein Versager."

- „Du kannst nichts."

Einzig unsere Einstellung in Verbindung mit positiven Gefühlen kann uns von diesem Irrweg abbringen. Das ist wichtig, ansonsten bleiben die Erfolge aus, denn: „Dort wo Tauben sind, fliegen Tauben hin", was so viel bedeutet wie: Schlechte Angewohnheiten ziehen schlechte Angewohnheiten an. Erfolgreiche Menschen scharen auch erfolgreiche Menschen um sich, negative Menschen nur negative Menschen. Deshalb wird ein erfolgreicher Verkäufer sich nur mit erfolgreichen Menschen treffen, unterhalten und daraus lernen. Dadurch wird er stärker motiviert und gleichzeitig in die Lage versetzt, gestärkt in das nächste Verkaufsgespräch zu starten. Erfolg zieht Erfolg an!

Gehen Sie nun den nächsten Schritt, so wie ihn einst Goethe formulierte: *„Sage es mir, und ich vergesse es. Zeige es mir, und ich erinnere mich. Lass es mich tun und ich behalte es. "*

www.synergie-mt.de

Daniel Lindinger

Erfolgreiche Führungskräfte sind leidenschaftliche Spieler

Daniel Lindinger
Erfolgreiche Führungskräfte sind leidenschaftliche Spieler

*„Die besten Ideen kommen mir, wenn ich mir vorstelle,
ich bin mein eigener Kunde. "*

Charles Lazarus
(Gründer Toys`R`Us)

„Indem sie schweigen, schreien sie. "

Cicero

Jobwunder Führungskraft! Jedes zehnte Stellenangebot in Deutschland richtet sich an Menschen, die eine Position mit Führungsaufgaben anstreben[28]. Die Perspektiven könnten nicht besser sein. Das Arbeitsumfeld genauso wenig. Denn noch immer hält sich in der Öffentlichkeit hartnäckig das Gerücht, dass weder Chef noch seine ihm unterstellten Führungskräfte arbeiten. Sie würden vom hohen Ross herab Aufgaben delegieren, die ihre „Untergebenen", sprich Arbeiter und Angestellte, auszuführen hätten. Und so kokettiert der Volksmund nach der Frage *„Wie heißt es richtig? Lass mir arbeiten oder lass mich arbeiten?"* mit der Antwort: *„Lass andere arbeiten."* Das ist leider häufig die vorherrschende Meinung, wenn Arbeiter und Angestellte zu ihren Vorgesetzten befragt werden.

Solche Antworten überraschen mich nicht wirklich, weil es noch immer viel zu viele Unternehmen gibt, die es mit den Köpfen in den Führungsetagen nicht so genau nehmen. Nicht selten kommt es vor, dass ein guter Verkäufer, der sich dieser Tätigkeit mit Leib und Seele verschrieben hat, zum Verkaufsleiter befördert wurde. Auf Anordnung von „oben". Dieser Karrieresprung macht sich im Lebenslauf besonders gut. Wer für eine höhere Aufgabe berufen wird, darf durchaus stolz auf sich sein. Häufig aber folgt der anfänglichen Freude über diese Entwicklung die Ernüchterung. Oblag dem Verkäufer bisher das Tagesgeschäft in eigener Regie, welches er durch das sprichwörtliche „in die Hände spucken" eigenständig steuerte, ist er fortan vom Wohl und Wehe der ihm unterstellten Abteilungen mit ihren Mitarbeitern verantwortlich. Eine Aufgabe, die manchen guten Verkäufer überfordern kann. Nicht jeder, der gut mit Kunden umgehen kann, ist gleichzeitig als Führungskraft geeignet, denn

„Führungskräfte müssen Mehrheiten bilden und Identifikation bei ihren Mitarbeitern schaffen."

Eine Fähigkeit, die aus meiner Sicht ein angeborenes Talent ist, weshalb sie nur bedingt erlernt werden kann. Führungskräfte sind „Mundwerker" und weniger Handwerker. Letztere erlernen ein Handwerk und verdienen ihr Geld mit dem Erbringen von Handwerkerleistungen, häufig durch ihrer Hände Arbeit. Führungskräfte hingegen müssen weniger Hand anlegen, dafür um ein Vielfaches besser „auftreten" können. Ihre Aufgabe ist es, je nach Aufgabengebiet, die Geschicke der Firma zu leiten oder aber Menschen zu führen.

Deshalb ist es ein Trugschluss anzunehmen, dass eine Führungskraft über Freiheiten verfügt, von denen Mitarbeiter nur träumen können. Führungskräfte sind im hochgradigen Maße fremdbestimmt und damit alles andere als frei. Sie halten das Zepter in der Hand, um zu jeder Zeit richtungsweisende Entscheidungen treffen zu können. Dabei können sie nur selten nach „Plan B" vorgehen, weil zum einen Entwicklungen in den Unternehmen nicht lehrbuchsmäßig ablaufen. Zum anderen haben sie es mit Menschen zu tun, vornehmlich mit ihren Mitarbeitern mit all ihren Talenten, Defiziten, Schwächen und Stärken.

An der Führungskraft liegt es, nicht nur vorhandene Stärken einzelner Mitarbeiter zu aktivieren, sondern sie auch schrittweise mit ihrem Leistungspotenzial vertraut zu machen, um sie so zum Optimum zu führen. Wohingegen sie bei „schwächeren", aber nicht minder wichtigen Mitarbeitern diese ihre Nachteile kompensieren müssen, sodass sie im „Firmenuniversum" Aufgaben wahrnehmen, die ihren Fähigkeiten entsprechen. Dabei muss eine Überforderung, die sich im weiteren Verlauf demotivierend auswirken könnte, verhindert werden.

Führung nach heutigem Verständnis ist also weitaus mehr als „nur" Arbeiten vorzubereiten, Aufgaben zu verteilen, die Tagespost zu erledigen, Telefonate zu führen, Mitarbeitergespräche zu führen und Probleme zu lösen (Troubleshooting). Heute geht es darum, Menschen zielorientiert in Bewegung zu bringen. Sie zu Partnern zu machen, sodass sie ihre Arbeit leben und lieben. Zudem müssen Führungskräfte in der Lage sein, schnell und auf „kurzem Dienstweg" Konflikte aus der Welt zu schaffen. In diesen schnelllebigen Zeiten ist es wichtig, dass die Arbeitsabläufe pünktlich und ohne Reibungsverluste vonstattengehen. Jede Unterbrechung kann das Unternehmen etliche tausend Euro kosten. Es braucht erfahrene Führungskräfte, die buchstäblich den Blick über den Tellerrand wagen. Zudem müssen sie multitaskingfähig sein, weil fast immer mehrere Aufgaben gleichzeitig zu managen sind. Sie gleichen Jongleuren, deren Talent es ist, mehrere Gegenstände in der Luft zu halten, während sie gleichzeitig einem interessierten Publikum ein überzeugendes Schauspiel bieten.

Wohingegen Führungskräfte keine Schauspieler sein dürfen. Sie müssen authentisch sein. Im anderen Fall werden sie nicht ernst genommen. Kommunikation ist weit mehr als nur das Bewegen der Lippen. Wir Menschen wirken in jeder Hinsicht, auch oder gerade, wenn es uns nicht bewusst ist. Kleinste Nuancen in der Gestik oder Stimme werden von unserem Gegenüber registriert und bewertet. Das fanden Wissenschaftler bereits vor mehr als 40 Jahren heraus, wie z. B. der US-amerikanische Sozialpsychologe Dr. Albert Mehrabian, Professor an der University of California. Er untersuchte z. B. die Ausdrucksbereiche Wort, To+nfall und Gesichtsausdruck in ihrer relativen Wirkung. Zur klaren Trennung wurde der Gesichtsausdruck des Probanden über stumme Videos übertragen. Durch einen Bandfilter konnte der Tonfall untersucht werden. So war der Inhalt der gesprochenen Worte unverständlich, der Klang und die Sprachmelodie blieben erhalten. Das Ergebnis: Beide nonverbalen Signale hatten eine viel stärkere Wirkung als der verbale Inhalt. Dr. Mehrabian fasste seine Forschungen wie folgt zusammen:

> *„55 Prozent der Wirkung werden durch die Körpersprache bestimmt, also durch Körperhaltung, Gestik und Mimik. 38 Prozent erzielen wir durch unsere Stimmlage und Betonung und nur 7 Prozent durch den Inhalt."*

Somit ist klar:

> *Es kommt weniger darauf an, was wir sagen,*
> *als auf das, wie wir etwas sagen!*

Wer für diese Feststellung noch nach einem Beweis sucht, schaue sich einen Hund an. Wenn Sie ihn anschreien und ihn dabei für sein Verhalten loben, wird er seine Rute einziehen und sich in eine Ecke verziehen. Dagegen wird er mit der Rute ausschlagen, wenn Sie in einem netten, freundschaftlichen Ton sagen, dass er der größte Streuner aller Zeiten sei.

Nun haben Führungskräfte naturbedingt mit Menschen und weniger mit Hunden zu tun, und doch sind die hier erwähnten Erkenntnisse bedingt übertragbar. Insbesondere in diesen Zeiten. Mag sein, dass die Euro- und Finanzkrise, der Tanz auf dem Pulverfast im Nahen Osten oder die Kriege im Irak und in Afghanistan auch das Bewusstsein der Menschen hierzulande nachhaltig veränderte. Sie verlangen nicht nur nach Sicherheit, so wie es die Popgruppe „Silbermond" vor Jahren sang: *„Diese Welt ist schnell und hat verlernt, beständig zu sein … Gib mir ein kleines bisschen Sicherheit, in einer Welt, in der nichts sicher scheint."* Sie verlangen nach Harmonie am Arbeitsplatz. Tatsächlich ist vielen das Betriebsklima wichtiger als der Lohn. Für 71 Prozent der Beschäftigten in Deutschland ist einer Studie der Barmer GEK das Verhältnis zu Kollegen und zum Chef am wichtigsten, um im Berufsleben zufrieden zu sein. Das ist ihnen sogar wichtiger als eine Bezahlung, die ihrer Leistung angemessen ist. Die spielt nur für jeden Dritten die wichtigste Rolle (35 Prozent). Selbst die Sicherheit am Arbeitsplatz muss dem guten Verhältnis innerhalb der Belegschaft weichen. Mit gerade einmal 11 Prozent ist „Safety First" im Betrieb wichtiger als ein gutes Betriebsklima. Völlig überraschend ist für mich das Schlusslicht. Für gerade einmal acht Prozent der Befragten stand die Vereinbarung von Familie und Beruf an erster Stelle, um sich täglich am Arbeitsplatz wohlzufühlen.

Zwischen Wunsch und Wirklichkeit klafft in diesem Fall eine riesige Lücke. Die Arbeiter und Angestellten wünschen sich ein gutes Betriebsklima, tatsächlich aber finden sie selbiges immer weniger vor. Nach einer Studie des Marktforschungsinstituts Gallup[29] bemängeln 69 Prozent der Befragten, dass ihre Firma kein Interesse an ihnen als Mensch zeige. Nur 19 Prozent der Befragten erklärten, für gute Arbeit Lob und Anerkennung zu ernten. Aufgrund dieser Situation haben 20 Prozent der deutschen Arbeitnehmer innerlich gekündigt. Diese Mitarbeiter sind zwar körperlich noch anwesend, geistig indes sind sie in einer anderen Welt unterwegs. Hier mag sich die Führungskraft über alle Maßen anstrengen, sie wird sie nicht mehr erreichen. Wer innerlich gekündigt hat, ist schwer zurückzuholen. Besser ist es deshalb, es erst gar nicht zu Kündigungen kommen zu lassen.

Rebellionen, Revolten und soziale Umbrüche entspringen nicht nur aus materieller Not, sie sind auch immer Ausdruck von erlebten Kränkungen, sozialen Erniedrigungen sowie Missachtung erbrachter Leistungen, befand der Sozialphilosoph Ernst Bloch (1885-1977). Letzteres scheint bei einigen deutschen Unternehmen an der Tagesordnung zu sein. Das Engagement der Mitarbeiter lässt häufig nur deshalb zu wünschen übrig, weil sie von ihren Führungskräften nicht „wahrgenommen" werden oder sich ausgenutzt fühlen. So bezeichnete z. B. ein Auszubildender auf „seiner" Facebook-Seite seinen Arbeitgeber als Menschenschinder und Ausbeuter. Das brachte ihm die fristlose Kündigung ein. Dagegen klagte er, gewann in erster Instanz und verlor in der zweiten (Landesarbeitsgericht Hamm; AZ.:

127-007-12). So schlimm kann sich eine Situation entwickeln, wenn Chef und Mitarbeiter sich nicht auf Augenhöhe begegnen.

Es ist keineswegs so, dass wir es hier mit einem Einzelfall zu tun haben. Seit Jahren schon ist zu beobachten, dass es zwischen Führung und Team selten stimmt, wie ein Blick auf den Engagement-Index in Deutschland leider eindrucksvoll bestätigt. Danach waren z. B. im Jahr 2011 nur noch 14 % (!) der Arbeitnehmer wirklich motiviert bei der Arbeit. 23 % hatten keine Bindung zu ihrer Arbeit und zu ihrem Arbeitgeber. Demgegenüber standen immerhin noch 63 %, die eine emotionale Bindung zum eigenen Arbeitsplatz hatten, wenn auch nur eine sehr geringe, aber immerhin. Besser „Dienst nach Vorschrift" als gar keinen Dienst, mag sich mancher Unternehmer sagen, um die unhaltbaren Zustände nicht ändern zu müssen.

Engagement-Index in Deutschland:

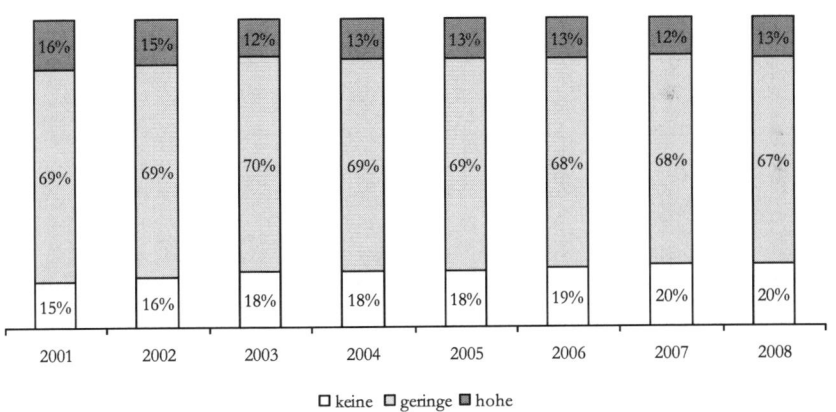

(Quelle: Gallup; Basis: ArbeitnehmerInnen ab 18 Jahre)

Das Fazit der obigen Studie ist erschreckend[30]:

Mehr als 85 % der Arbeitnehmer haben innerlich schon gekündigt.

Die Wirtschaft beziffert den Schaden, der durch unzufriedene Mitarbeiter verursacht wird, mit rund 110 Milliarden Euro jährlich.

In einer Studie[31] wurde festgestellt, dass Diebstähle, die durch angestellte Mitarbeiter aufgrund fehlender Zufriedenheit am Arbeitsplatz verübt werden, in den USA zehnmal mehr Geld kosten als die dortige Straßenkriminalität. Für Deutschland habe ich hierzu keine Zahlen finden können, was auch nicht wichtig ist, geht es doch um etwas anderes. Das desaströse Ergebnis zeigt, welche Gefahren Unternehmen eingehen, die sich nicht um ihre Mitarbeiter „kümmern".

Die innere Kündigung eines Mitarbeiters ist in der Regel hausgemacht. Sie geht häufig auf Defizite in der Personalführung zurück. Womit sich meiner Meinung nach die Redensart *„Der Fisch fängt vom Kopf an zu stinken"* bestätigt. Im Falle einer inneren Kündigung kündigt der Mitarbeiter nicht gegenüber der Firma, sondern gegenüber seinem Chef. Deshalb sucht er für gewöhnlich keinen neuen Job, sondern „erträgt" den Umstand so lange, bis sich intern etwas ändert oder ihm ein neuer Arbeitsplatz angeboten wird. Bis dahin fährt der Betroffene seine Leistungsbereitschaft bewusst, aber unauffällig herunter. Eine Abmahnung zu riskieren ist das Letzte, was er brauchen könnte. Das Verhalten dieser Mitarbeiter ist ein echtes Problem für das Unternehmen. Sie sind körperlich anwesend und erfüllen damit ihren Arbeitsvertrag, gedanklich hingegen sind sie überall, nur nicht bei der Sache. Wie bei einer Kette, die nur so stark ist wie ihr schwächstes Glied, verhält es sich auch in einem Team. Wenn 9 von 10 Mitarbeitern hochmotiviert sind, reicht das für den Erfolg nicht aus. Ein Einzelner gefährdet den Erfolg der gesamten Mannschaft, wenn er nicht motiviert ist und im schlimmsten Fall bereits innerlich gekündigt hat.

Man mag es kaum glauben, aber mit ein paar „Streicheleinheiten" ließe sich nicht nur das Betriebsklima empfindlich verbessern, sondern auch noch viel Geld einsparen, weil weniger „Schadensfälle" durch demotivierte Mitarbeiter an der Tagesordnung wären.

Menschen setzen erstaunliche Kräfte frei, wenn sie sich von ihrem Gegenüber oder ihnen wichtigen Menschen angenommen fühlen. Lob ist nichts anderes als eine Art von Belohnung, die das Selbstwertgefühl hebt und als positiver Impuls wahrgenommen wird. Zu erwähnen ist in diesem Zusammenhang die Arbeit von Dr. Theo Wehner. Er ist Professor für Arbeits- und Organisationspsychologie an der Eidgenössischen Technischen Hochschule (ETH) in Zürich. Seit einem Vierteljahrhundert berät er die Organisatoren von Mitarbeiterumfragen in verschiedenen Branchen. Einen besonderen Schwerpunkt bildet hier die Frage, inwiefern Vorgesetzte und Kollegen die Leistung der Befragten anerkennen, in finanzieller wie sozialer Hinsicht. Über den Zeitraum von 1986 bis 2007 konnte sein Team mehr als 65.000 Auskünfte von Mitarbeitenden aus dem Industrie-, Dienstleistungs-, IT- und Hochtechnologiesektor zusammentragen und auswerten[32]. In allen insgesamt 34 Erhebungen wurde festgestellt, dass fehlende soziale Anerkennung durch Vorgesetzte zu denjenigen fünf Mankos gehören, die Mitarbeiter am meisten beklagen.

Was Unternehmer erreichen könnten, wenn sie „mehr" auf ihre Mitarbeiter eingehen würden, fand Dr. Albert Bandura, Psychologie-Professor an der Stanford-Universität, heraus[33]. Mitarbeiter, die von ihren Vorgesetzten gelobt werden,

- sind motivierter
- stecken sich höhere Ziele
- fühlen sich dem Unternehmen stärker verpflichtet
- entwickeln bessere Fähigkeiten

Fazit: Erfolgreiche Unternehmen mit engagierten Mitarbeitern sind erfolgreich, weil sie eine klare Vision formulieren, ihre Mitarbeiter in Entscheidungsprozesse integrieren und sie nicht mit Entscheidungen und Veränderungen überrollen. Darüber hinaus legen sie sehr großen Wert auf die „richtige" Führungskraft, d. h., sie suchen sich für diese Position die besten Kräfte. Diese Manager übernehmen Verantwortung, stellen sich vor die Mitarbeiter, wenn es einmal

Probleme gibt, und sie tragen Konflikte fair aus. So wie z. B. der IBM-Konzernchef Thomas J. Watson jun.[34]:

„Meine wertvollste Leistung für IBM war meine Fähigkeit, gute und intelligente Mitarbeiter auszuwählen, sie zusammenzuhalten durch Überzeugung, durch Höflichkeit, durch finanziellen Ansporn, durch Reden, durch Plaudern mit ihren Frauen, durch kleine Aufmerksamkeiten und indem ich alles einsetzte, was mir zur Verfügung stand, damit dieses Team mich für einen anständigen Menschen hielt."

Am Ende geht es immer um Wertschätzung und Anerkennung. Wer als Führungskraft, also als Chef, Unternehmer oder als Abteilungsleiter, ein gutes Verhältnis zu seinen Mitarbeitern haben will, muss einen guten „Draht" zu ihnen haben. Wer mit den Menschen spricht, erzielt die höchstmögliche Motivation. Die Menschen wollen als soziale Wesen wahrgenommen werden. Sie spüren ganz genau, ob es jemand ehrlich mit ihnen meint oder nicht. Daher mein Rat: Bleiben Sie in allem, was Sie sagen und tun, authentisch. Nur echte Gefühle zählen, denn von Ihrer Handlungsweise hängen nicht nur Ihre Stimmung und die Ihres Gesprächspartners ab. Sie prägt auch Ihre körperliche Verfassung. Erinnern Sie sich nur an das wunderbare Gefühl, das Ihren Körper und Geist während eines angeregten, von Sympathie getragenen Gesprächs durchpulst hat. Genau dieses Gefühl können Sie Ihrem Team vermitteln, wenn Sie voll und ganz hinter dem stehen, was Sie sagen. Dass Sie die Fähigkeit dazu haben, davon bin ich überzeugt, denn erfolgreiche Führungskräfte lassen sich nicht von Status- und Anspruchsdenken treiben, sondern von der Lust aufs Management. Auch wenn es mitunter Zeiten gibt, zu denen dieser Job „weh tut".

Das Wichtigste im Unternehmen

Werner Niefer (1928-93), deutscher Topmanager und Vorstandsvorsitzender der Mercedes Benz AG, sah in den Mitarbeitern des Unternehmens das, was sie sind: das Wichtigste[35]: *„Meine wichtigste Erfah-*

rung als Manager ist die Erkenntnis, dass die Mitarbeiter das wertvollste Gut eines Unternehmens sind und damit auch das wichtigste Erfolgskapital. Es sind nie Computer, Roboter, technische Einrichtungen, die zu einem Ziel führen, sondern immer Menschen, die Konzepte zustandebringen…"

Von der Telefonistin über den Lagerarbeiter bis hin zum Vorstand sind alle bis in die Haarspitzen motiviert, je mehr Führungskräfte ihre Mitarbeiter so sehen, wie Werner Niefer es tat. Diese Anerkennung sollte aber nicht darin münden, den „Mitarbeiter des Monats" zu küren und ein Portrait von ihm an die Wand zu heften. Das ist nicht nur peinlich, sondern brüskiert die anderen Mitarbeiter im Unternehmen. Die aktiven unter ihnen, die trotz größter Anstrengung noch nie eine Urkunde oder Auszeichnung erhalten haben, werden durch solche Lobpreisungen eher demotiviert statt motiviert. Auch darf Anerkennung nicht nur über Geld erkauft werden. In vielen Unternehmen werden Mitarbeiter häufig mit Geld belohnt, wenn sie u. a. ein bestimmtes Ziel erreicht haben. Geld motiviert, kann aber das Betriebsklima nachhaltig verschlechtern. In jedem Unternehmen gibt es Menschen, die mit ihrer Leistung und mit ihrem Einkommen zufrieden sind. Sie haben keinen Ehrgeiz, sich mit anderen zu messen. Andere wiederum möchten schnell viel Geld verdienen, sodass sie gern in den Wettkampf mit ihren Kollegen einsteigen. Diese Dauerolympiaden sind kontraproduktiv, weil sie die unterschiedlichen Charaktere der Mitarbeiter nicht berücksichtigen und die stigmatisieren, die sich keinem Wettkampf stellen wollen.

Wer sich für seine Teammitglieder und Mitarbeiter aufrichtig interessiert, sendet über all das bisher Geschriebene hinaus eine weitere Botschaft: Ich habe Zeit für Sie! Der heutige Mensch arbeitet so wenig wie keine Generation vor ihm. Und doch fehlt ihm die Zeit an allen Ecken und Kanten. „Keine Zeit", das ist für viele Menschen eine Standardaussage, und wer sich „Zeit nimmt", der hebt sich damit von der Masse ab. Gibt es eine größere Motivation für ein Teammitglied, als dass sich der Chef für ihn persönlich interessiert?

Diese Zeit haben Sie, weil Sie anderen Generationen gegenüber im Vorteil sind. Statistisch gesehen leisten Sie als Europäer jährlich nur noch 1.550 Arbeitsstunden. Das sind rund 500 Arbeitsstunden pro Jahr weniger als noch 1960.

„Wenn der Chef spricht, hören die Leute zu. Und wenn der Chef handelt, beobachten sie ihn. Man muss sich also seine Worte und Taten gut überlegen", sagte Henry Ford. Wobei wir unterscheiden müssen zwischen bestimmen und führen. Eine Führungskraft bestimmt und die Leute folgen ihr („Meister befiehl, wir folgen dir"). Wer nicht bestimmt, sondern führt, erreicht, dass ihm die Menschen freiwillig folgen, weil es dem gemeinsamen Ziel dient, das vorher und in Abstimmung mit dem Team durch die Führungskraft festgelegt wurde. Ansonsten könnte Goethe Recht behalten: *„Wenn man von den Leuten Pflichten fordert und ihnen keine Rechte zugestehen will, muss man sie gut bezahlen."*

Natürlich brauchen Mitarbeiter klare Vorgaben und Aufgaben, um die Unternehmensziele zu erreichen. Die Art und Weise, wie diese vermittelt werden, hat einen erheblichen Einfluss auf den Erfolg. Führungskräfte müssen eindeutig formulieren, um jeden Fehler auszuschließen. Wischi-Waschi-Erklärungen helfen hier nicht weiter. Der Verkaufsleiter bittet am frühen Morgen seine Verkäufer in sein Büro. „Meine Herren, wir sind hier zusammengekommen, weil ich möchte, dass Sie heute Abend mit guten Aufträgen zurückkommen. Geben Sie heute alles, damit das Ergebnis stimmt und der Vorstand zufrieden ist. Also, auf geht's…" Der Tag zieht vorbei. Am Abend sitzen alle Verkäufer um den Verhandlungstisch und präsentieren ihre Ergebnisse. Verkäufer A zeigt mit stolzgeschwellter Brust einen Vertrag über 100 Bohrmaschinen. „Das nennen Sie einen guten Auftrag? 100 Bohrmaschinen. Ich hätte 150 Stück erwartet", raunt der Verkaufsleiter ihn an. Verkäufer A versteht die Welt nicht mehr. Schließlich liegt dieses Ergebnis deutlich über seinen sonstigen Tagesverkäufen mit rund 70 Maschinen. Auch Verkäufer B bekommt sein Fett weg. Bis zu diesem Moment war er eigentlich sehr glücklich. Konnte er doch mehrere Aufträge vorweisen mit insgesamt 1.000 verkauften Rasenmähern. Selbst das ist dem Verkaufsleiter zu wenig. Auch hier hätten es deutlich mehr sein sollen. Dabei lag seine persönliche Tagesquote im Schnitt bei 700 verkauften Rasenmähern. Ähnlich ergeht es den anderen Verkäufern. Sie alle können es ihrem

Chef nicht Recht machen. Obwohl sie an diesem Tag deutlich über ihrem eigenen Durchschnitt verkauften, ist es für das Unternehmen zu wenig.

Schuld an dieser Entwicklung trägt der Verkaufsleiter, weil er sich am Morgen nicht klar ausdrückte. Er verlangte „gute Aufträge", die die Verkäufer aus ihrer Sicht auch erbrachten. Sie verstanden unter „gut" etwas anderes als ihr Vorgesetzter. Um einen solchen Eklat zu verhindern, hätte er nur eine Frage an jeden einzelnen Verkäufer stellen müssen: „Verkäufer A, wie viele Bohrmaschinen verkaufen Sie im Tagesdurchschnitt? Ich möchte, dass Sie heute alles geben, damit wir die Zahl verdoppeln. Erscheint Ihnen das realistisch?"

Wer als überhebliche Führungskraft von oben herab befiehlt und austeilt, muss sich nicht wundern, wenn die Motivation der Belegschaft gegen Null tendiert. In einem Zeitungsinterview[36] sagte der Benediktinermönch, Bestseller-Autor (über 14 Millionen verkaufte Exemplare) und Manager einer Benediktinerabtei, Anselm Grün:

> *„Zu einer guten Führung gehört erst einmal, dass der, der führt, an sich selber gearbeitet hat. Alle ethischen Forderungen nutzen überhaupt nichts, wenn der Mensch nicht im Einklang ist mit sich selber. Dann moralisiert er nur und drängt dem anderen die Werte auf, und selber lebt er sie nicht. Der erste Aspekt der Ethik ist, dass der Mensch im Einklang ist mit sich selber und mit seinen Ursprüngen. Ethik heißt ja, dem Wesen des Menschen gerecht zu werden."*

Eine gute Führungskraft ist in der Lage, Persönlichkeitsmerkmale ihrer Mitarbeiter zu erkennen. Mit diesem Wissen ist es ihr leichter, das vorhandene Potenzial in die richtigen „beruflichen" Kanäle zu leiten. Ein extrovertierter Mitarbeiter mit starken Charaktereigenschaften wie Begeisterungsfähigkeit, Mut, Abenteuerlust und Neugierde ist eher für die Position eines Verkäufers geschaffen als die des Buchhalters. Letzerer muss nicht unbedingt eine Abenteuerlust am Arbeitsplatz entwickeln. Genauigkeit, Diszipliniertheit und Ausdauer sind in dieser Position gefragt.

Führungskräfte, die diesen Namen auch verdienen, schauen zuerst auf den Mitarbeiter und dann auf den Posten, den sie zu vergeben haben. Sie richten die Aufgaben nach den Menschen aus und nicht umgekehrt. Darüber hinaus sind sie in der Lage, ihr Team auf gemeinsame Ziele einzuschwören, um so die besten Ergebnisse zu erzielen.

Uns allen bekannt ist das Bild eines „dummen Esels", dem man nur die Möhre vor die Nase halten muss, damit er sich in Bewegung setzt. Weniger erfolgreiche Führungskräfte sind der Meinung, mit ihren Mitarbeitern ähnlich verfahren zu können. Sie halten ihnen im übertragenen Sinne eine Möhre vor die Nase, z. B. in Form von Bonuszahlungen oder einem neuen Firmenwagen, damit sie in Bewegung kommen, sprich: noch mehr leisten. Groß ist ihre Verwunderung, dass genau das nicht passiert. Ein ausgehungerter Esel wird eher nach einer Möhre schnappen als ein satter. „Satte" Mitarbeiter, die mit ihrem Gehalt und ihrem Auto zufrieden sind, sind keinesfalls Esel. Ich bitte, mir diesen Vergleich nachzusehen, es geht um Bewusstmachung und nicht um Klischees. Also, satte Mitarbeiter werden Sie kaum in Bewegung bringen, wenn dem, was sie schon haben, nur noch ein Sahnehäubchen aufgesetzt wird. Wenn Sie bzw. Ihr Unternehmen Ziele verfolgen, für die Sie die Mitarbeiter nicht begeistern können, dann können Sie ihnen im übertragenen Sinne tausend Möhren in Form von Inzentives vor die Nase halten, sie werden sich genauso wenig bewegen wie der Esel. Ihre Ziele sind nicht die Ziele der Mitarbeiter, und genau da liegt das Problem.

Ihre Ziele und die Ziele Ihrer Mitarbeiter mögen zwar unterschiedlich sein, doch es gibt immer Punkte, die sich überschneiden. Wenn es Ihnen gelingt, diesen Schnittpunkt und damit den Punkt der größten Übereinstimmung, der Gemeinsamkeit, zu erarbeiten, dann haben Sie eine große Chance auf ein folgsames Team von Mitarbeitern.

Die Schnittstelle ist der Punkt, der Ihre Mannschaft von innen und damit nie von außen motiviert. Im übertragenen Sinne teilen Sie und Ihre Mitarbeiter sich die besagte Möhre.

Gemeinsame Schnittstelle:

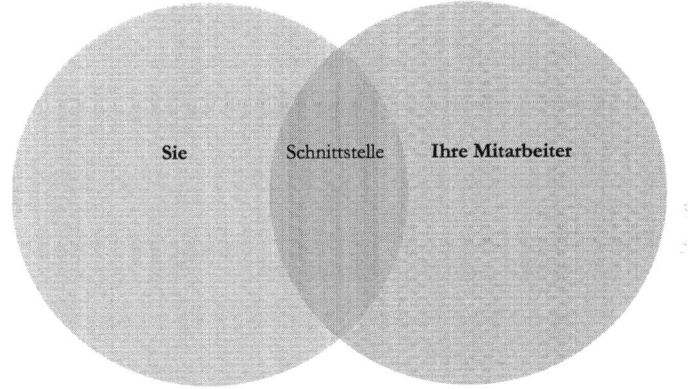

Ist die gemeinsame Schnittstelle ausgemacht, geht es nun darum, die „Spielregeln" zu kommunizieren.

Spielregeln kommunizieren

Wie selbstverständlich greifen wir nach einer Anleitung, wenn wir das erste Mal ein uns unbekanntes Spiel spielen wollen. Ansonsten wäre es kaum möglich, z. B. „Mensch ärgere dich nicht" richtig zu spielen. Nur wenn alle Teilnehmer um die Regeln wissen, werden Unsicherheiten und Streitigkeiten bereits im Keim erstickt. Dadurch steht einem harmonischen Spieleabend nichts mehr im Wege.

Was im Spiel normal ist, scheint in der Realität buchstäblich keine Rolle zu spielen. Hier finden Menschen zueinander und erklären ein gemeinsames Ziel, ohne Regeln aufzustellen. Laufen los und wundern sich dann, dass sie nicht vorankommen. Sie werden von Kleinigkeiten aufgehalten und streiten sich dann wie die Kesselflicker, wer nun wann welchen Fehler gemacht hat. Besonders pikant, wenn eine Führungskraft Fehler bei seinen Mitarbeitern sucht und damit sogar an die Öffentlichkeit geht. Getreu dem Motto: *„Seht her, ich habe alles richtig gemacht. Nur meine dummen Mitarbeiter, die kapieren einfach gar nichts und gefährden dadurch unsere Ziele."* So ähnlich und damit tatsächlich geschehen Anfang September 2012 in einer deutschen Kreisstadt. Nach einem „Badeunfall", bei dem der Schwimmer vor dem Ertrinken gerettet wurde, titelte die örtliche Tageszeitung:

„Bäder-Chef erhebt schwere Vorwürfe gegen Mitarbeiter"

Wörtlich heißt es in dem Beitrag: *„Trotz aller Bemühungen kommen die Mitarbeiter ihren Pflichten nicht nach ... Die Mitarbeiter ziehen nicht mit und boykottieren und sabotieren jegliches Ansinnen."* Zur Erinnerung: Das schreibt eine Führungskraft über seine Mitarbeiter in einer Zeitung mit einer Auflage im sechsstelligen Bereich. Das, was intern zu regeln ist, wird in aller Öffentlichkeit zum Thema gemacht. Groß muss die Verzweiflung einer Führungskraft sein, eine solche Einlassung von sich zu geben. Selbst wenn die Kritik berechtigt ist, was ich nicht nachvollziehen kann, darf eine Führungskraft nie so unverantwortlich handeln. Einige Monate später ist in derselben Zeitung folgende Meldung zu lesen: *„...interessiert sich in diesem Zusammenhang auch für das frostige Betriebsklima, das unter dem ehemaligen Bäderbetriebschef geherrscht haben soll".* Dazu sagt der Vorsitzender des Landesverbands Niedersachsen/Bremen:[37] *„Abmahnungen sind dort verteilt worden wie Drops. Die Mitarbeiter hatten teilweise große Angst, zur Arbeit zu kommen."*

Viel Leid, Spott und Ärger kann aus dem Unternehmen herausgehalten werden, wenn Spielregeln richtig kommuniziert werden. Je erfolgreicher eine Führungskraft diese Spielregeln kommunizieren kann, desto reibungsloser verlaufen die einzelnen Prozesse abteilungsübergreifend im Unternehmen.
„Dass wir miteinander reden können, macht uns zu Menschen", schrieb der deutsche Philosoph Karl Jaspers (1883-1869). Doch heißt reden nicht verstehen. So wie das Gedachte noch lange nicht gesagt ist, das Gesagte nicht gehört, so ist das Gehörte nicht immer auch verstan-

den. „Herausforderung Kommunikation" ist das Stichwort. Nicht nur für Führungskräfte. Aber gerade für sie ist die richtige Kommunikation überlebenswichtig. Der für seine Anekdoten und seinen zynischen Humor so bekannte US-amerikanische Schriftsteller Mark Twain beklagte sich einst, dass selbst die vornehmen Damen und Herren der New Yorker Gesellschaft nicht wirklich zuhören könnten. Überdies redeten sie aneinander vorbei statt miteinander. Um das zu „beweisen", erschien er verspätet auf einer Party. Die Gastgeberin empfing ihn sogleich mit folgenden Worten: *„Kommen Sie herein, mein Lieber. Da drüben steht der Ambassador von Malaise, ich stelle Sie gleich vor..."* Darauf sagte Mark Twain: *„Entschuldigen Sie bitte meine Unpünktlichkeit, aber ich musste meiner alten Tante noch den Hals umdrehen. Das hat etwas länger gedauert als geplant."* – *„Reizend von Ihnen, dass Sie trotzdem gekommen sind. Kommen Sie, der Ambassador ist wirklich ein hochinteressanter Mann"*, entgegnete die Gastgeberin.

„Ich weiß nicht, was ich gesagt habe, bevor ich die Antwort meines Gegenübers gehört habe", sagte der österreichische Kommunikationswissenschaftler Prof. Dr. Paul Watzlawick (1921-2007), eine Koryphäe auf diesem Gebiet. Seine vielbeachteten Überlegungen zur Theoriebildung über Kommunikation haben bis heute nichts an ihrer Bedeutung verloren. Danach hat jede Kommunikation einen Inhalts- und einen Beziehungsaspekt, wobei Letzterer den Ersteren bestimmt. Über die reine Sachinformation (Inhaltsaspekt) hinaus erhält jede Kommunikation einen Hinweis, wie der Sender seine Botschaft (Botschaftsaspekt) verstanden haben will und wie er seine Beziehung zum Empfänger sieht. Der Inhaltsaspekt steht für das „Was", während der Beziehungsaspekt etwas darüber aussagt, wie der Sender dieses „Was" vom Empfänger verstanden wissen will. Somit gelingt Kommunikation, wenn auf beiden Ebenen und bei beiden Kommunikationspartnern Einigkeit über den Inhalts- und Beziehungsaspekt herrscht. Sie scheitert, wenn einer der Kommunikationspartner einen der beiden Aspekte anders interpretiert.

Von einer Störung der Kommunikation ist dann die Rede, wenn einer der beiden Gesprächspartner annimmt, der andere besäße die gleiche Information wie er selbst. Somit gibt es keine Kommunikation ohne Ursache und Wirkung, weshalb auf jeden Reiz, ebenfalls eine Form der Kommunikation, eine Reaktion folgt. Jeder Reiz verläuft kreisförmig und ist damit ohne Anfang und Ende, wie ein einfaches Beispiel verdeutlicht.

Eine Führungskraft (Chef) beschwert sich, dass sein Team seine Anweisungen größtenteils ignoriert. Das Team rechtfertigt seine Haltung damit, dass es von seiner Führungskraft ständig kritisiert wird. Der Chef kritisiert sein Team, das wiederum seine Anweisungen ignoriert. Weil es seine Anweisungen ignoriert, kritisiert die Führungskraft sein Team. Ein Kreislauf ohne Anfang und Ende.

Die nicht enden wollende falsche Kommunikation:

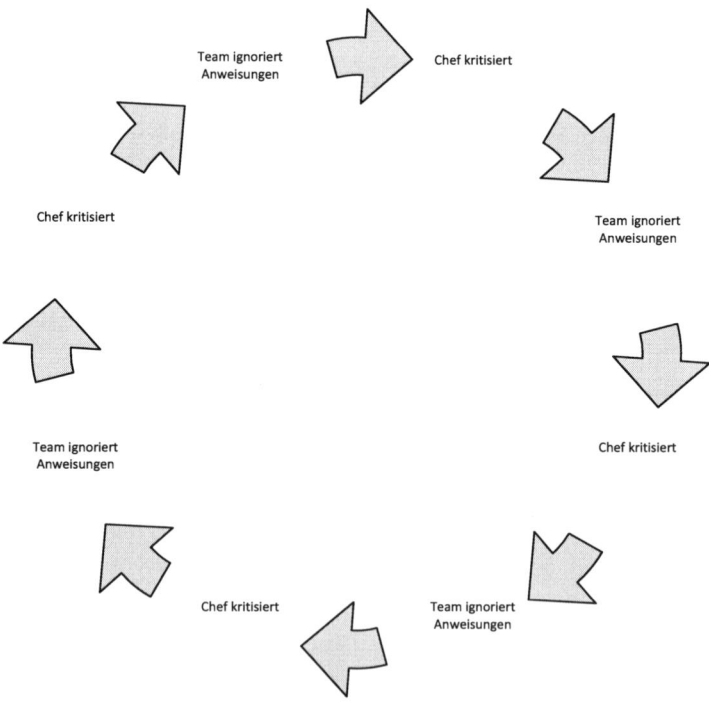

Diese Grafik verdeutlicht das Problem in vielen Betrieben. In der Analogie dazu ist von Prof. Dr. Watzlawick Folgendes zu lesen: *„Die so genannte Wirklichkeit ist das Ergebnis von Kommunikation. Der Glaube, dass es nur eine Wirklichkeit gibt, ist eine gefährliche Selbsttäuschung. Es gibt viel mehr Auffassungen von der Wirklichkeit, die sehr widersprüchlich sein können. Alle Auffassungen sind das Ergebnis von Kommunikation und nicht der Widerschein ewiger, objektiver Wahrheiten. "*

Nach Dr. Watzlawick spielen sich Problemlösungsprozesse zwischen Menschen bis zu 80 Prozent auf der Beziehungsebene ab. Weil Kommunikation ein ständiges Hin und Her, ein Senden und Empfangen von Botschaften ist, kann es zu Missverständnissen oder Streitigkeiten kommen. Um das auszuschließen bzw. auf ein Minimum zu reduzieren, reicht es nicht aus, nur auf einer Ebene zu kommunizieren, sondern auf drei weiteren, die der deutsche Psychologe und Kommunikationswissenschaftler Prof. Dr. Friedemann Schulz von Thun in einem Nachrichtenquadrat zusammenfasst:

Das Nachrichtenquadrat von Prof. Dr. Schulz von Thun:

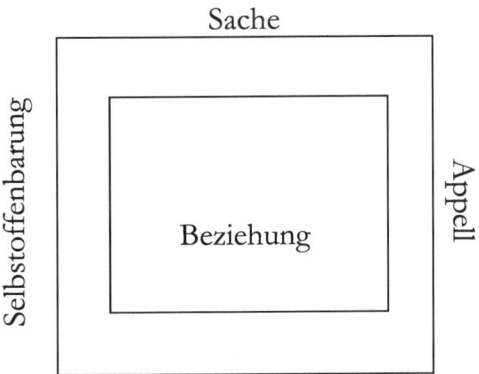

Dieses Quadrat erscheint beim Sender und Empfänger, und das nicht ohne Grund. Wie schon der italienische Staatsmann und Schriftsteller Niccoló Machiavelli (1469-1527) sagte: *„Wer will, dass*

ihm die anderen sagen, was sie wissen, der muss ihnen sagen, was er selbst weiß. Das beste Mittel, Informationen zu erhalten, ist, Informationen zu geben. "Solche Informationen werden auf der Sachebene in Form von Daten, Fakten, Zahlen und Sachverhalten vermittelt. Die „Sache" Mund trifft auf die „Sache" Ohr. Deshalb muss die Nachricht klar und deutlich formuliert werden, damit sie der andere versteht. *„Die Natur hat uns nur einen Mund, aber zwei Ohren gegeben, was darauf hindeutet, dass wir weniger sprechen und mehr zuhören sollten",* schrieb der griechische Philosoph Zenon (430 v. u. Zeitrechnung). Deshalb ist es extrem wichtig, nicht nur auf das „Was" zu achten, sondern im Besonderen auf das „Wie": „Wie sage ich es meinem Gegenüber?" Hier bestätigt sich einmal mehr die Redensart: Der Ton macht die Musik (siehe hierzu auch meine Ausführungen im Kapitel Mundwerker). Sobald mein Gegenüber meine Nachricht vernimmt, prüft er sie auf ihren Wahrheitsgehalt und ihre Relevanz (wichtig/unwichtig) für ihn.

Auf der Beziehungsebene haben wir es mit den emotionalen Faktoren zu tun. Hier zeigt sich, wie sich Sprecher und Hörer zueinander verhalten. Über die Körpersprache, den Tonfall und die Art seiner Formulierung drückt der Sprecher seine Meinung über den Hörer aus, wie z. B.: Wertschätzung, Respekt, Ablehnung, Verachtung oder Gleichgültigkeit. Auf dieser Ebene findet unbewusst ein Abgleich zwischen der Information aus der Sachebene und dem Verhalten der Person statt: *„Passt sein Verhalten zu dem, was er sagt?"* Dabei registrieren wir Menschen jede noch so unbewusste Geste mit einer erschreckenden Akribie, die schlussendlich unseren Gesamteindruck einfärbt, wie folgendes Beispiel beweist. Eine Führungskraft nimmt sich Zeit für ein Gespräch mit einem ihrer Mitarbeiter, der darauf schon längere Zeit gewartet hat. Dieser nimmt nun Platz vor dem wuchtigen Schreibtisch, während die Führungskraft das Gespräch wie folgt eröffnet: „Guten Tag, Herr Müller. Bitte nehmen Sie Platz. Jetzt habe ich Zeit für Sie…" Artig bedankt sich Herr Müller für diesen Termin, um danach sein Anliegen vorzutragen. Mitten in seinen Ausführungen klingelt das Handy der Führungskraft. Diese schaut aufs Handy und blickt zu Herrn Müller: „Oh, Herr Müller, bitte entschuldigen Sie mich einen Moment. Ich muss mal kurz ans Telefon…" Diese Geste kommt einem Faustschlag ins Gesicht gleich, denn der Vorgesetzte bringt dadurch zum Ausdruck, dass der Anrufende wichtiger ist als der vor ihm sitzende Herr Müller, dem er zuvor ungeteilte Aufmerksamkeit zusicherte.

In jeder Nachricht stecken Informationen über die Person des Senders. Jede seiner Äußerungen ist somit auch eine Selbstoffenbarung, die einen Hinweis darauf gibt, was in einer Person vorgeht, wofür sie steht und wie sie sich selbst sieht. So ist allein schon die Größe eines Schreibtisches eine Selbstoffenbarung des Vorgesetzten, wenn dieser Tisch größer ist als der seiner Angestellten: *„Seht her. Ich bin der Größte unter euch. Ich gebe die Richtung vor. Ihr habt mir zu folgen."* Ein anderes Beispiel für Selbstoffenbarung ist ein Gespräch, das nicht auf Augenhöhe geführt wird. Der Vorgesetzte steht, der ihm „Untergebene" sitzt. Auch hier ist die nonverbale Botschaft klar: *„Ich gebe (von oben herab) den Ton an. Sie haben zu folgen."*

Auf der Appell-Ebene (frz. für „Anruf") geht es um das Tun. Wer sich äußert, möchte etwas bewirken. Somit versucht der Sender den Empfänger ins Handeln zu bringen. Der Versuch, auf diese Handlung Einfluss zu nehmen, kann offen oder versteckt ausgeführt werden. Beim Letzteren haben wir es dann schon mit einer Manipulation zu tun. Eine Bitte oder eine Aufforderung ist dagegen offen.

In der Realität könnte sich auf die Frage der Führungskraft an den Mitarbeiter „Wann kann ich mit der Abgabe der von Ihnen ausgearbeiteten Unterlagen rechnen?" das Nachrichtenquadrat mit den folgenden Informationen füllen.

Kommunikation nach Thun:

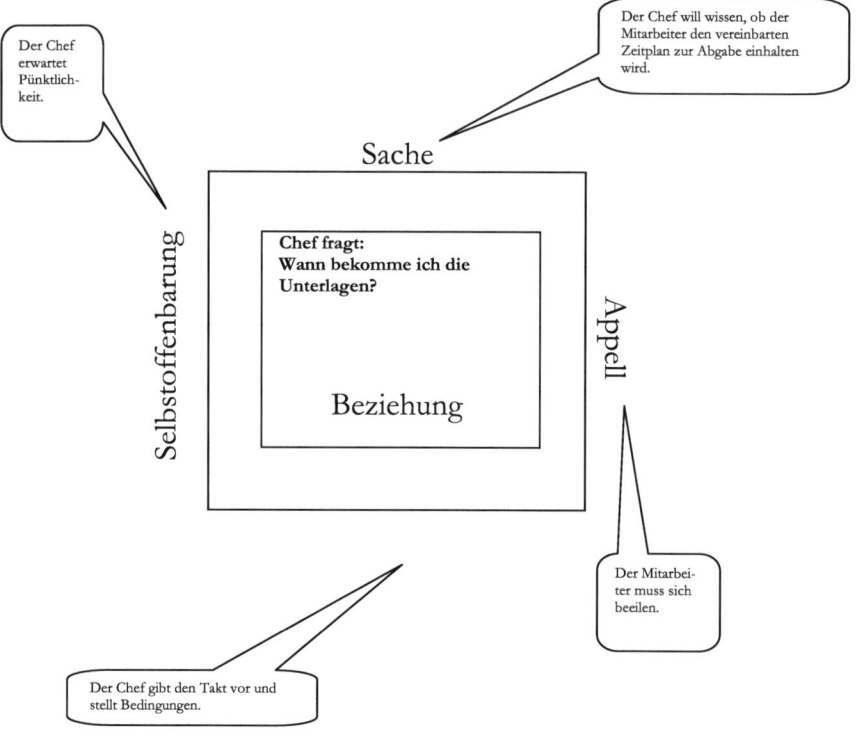

Wenn Sie um diese Regeln wissen, dann ist es kein Problem, „Ihre" Spielregeln zu kommunizieren, und zwar wie folgt:

1. Anlass nennen
2. Ziel darstellen
3. Nutzen hervorheben

1. Anlass nennen

Im ersten Schritt geht es um die Frage, warum eine „neue" Regel aufgestellt werden soll. Die Herausforderung hierzu kann von außen ins Unternehmen getragen werden oder aber von innen nach innen.

Im ersten Fall z. B. beklagen sich Kunden über zu lange Lieferzeiten. Aus diesem Grund definiert die Unternehmensführung folgende Regel: „Alle Aufträge und Bestellungen, die bis 15 Uhr hereinkommen, werden noch am selben Tag zum Versand gebracht." In diesem ersten Schritt geht es, mit Verlaub, um die Parole, also um das „Was" und weniger um das „Wie".

Eine Regel, die von innen nach innen getragen wird, hat häufig etwas mit Veränderungs- und Organisationsprozessen innerhalb des Unternehmens zu tun. Solche Prozesse sind in unserer schnelllebigen Zeit fast schon an der Tagesordnung, weshalb nicht wenige Führungskräfte schnell und aus dem Bauch heraus Entscheidungen treffen, ohne sich darüber im Klaren zu sein, welche Auswirkungen ihre Entscheidung haben wird. Häufig sind sie nur auf ihren Bereich fokussiert, sodass sie um die „Breitenwirkung" ihrer Entscheidung nicht wissen. Deshalb kann eine Veränderung in ihrem Arbeitsbereich zu einer Art Kettenreaktion in anderen Unternehmensbereichen führen. Nehmen wir an, der Vertriebsvorstand entscheidet eine Verkaufsaktion „3+1" (= drei kaufen, vier liefern, drei bezahlen). Die Regel lautet: mehr Umsatz schreiben. Hierzu bespricht er sich mit seinen Verkäufern und dem Einkäufer, damit die Lieferfähigkeit sichergestellt ist. Weil der Versandleiter nicht gefragt wurde, kommt es zum Auslieferungsstau. Seine Mitarbeiter können das Mehr an Bestellungen nicht schnell genug abwickeln. Der Ärger mit Kunden ist so vorprogrammiert. Und der mit den Mitarbeitern auch, weil sie sich schlichtweg überrollt fühlen.

2. Ziel darstellen

Einer der erfolgreichsten Schlagersänger unserer Zeit ist zweifelsohne Udo Jürgens. Er ist nicht zuletzt auch deshalb so erfolgreich, weil er weiß, was er will. Das besingt er zumindest in einem seiner vielen Lieder (weshalb wir es ihm glauben wollen): *„Ich weiß, was ich will. Ich will, dass endlich etwas Neues beginnt, dass wir wie ein Gedanke, ein Körper sind. Das ist mein Ziel…"* Ich mag diese zweideutige Liederzeile, weil sie die Herausforderung von Führungskräften auf den Punkt bringt. Zum einen singt Udo, dass er weiß, was er will. In der Analogie muss sich eine Führungskraft bewusst sein, was sie will, verbunden mit der Frage, ob auch ihre Mitarbeiter wissen, welche Ziele ihre Führungskraft verfolgt. Nur dann können sie gemeinsam ihre Ziele erreichen.

Zum anderen will der Sänger eines erreichen: *„…dass wir wie ein Gedanke, ein Körper sind."* Auch diesen Vergleich mag ich. Weil erfolgreiche Führungskräfte mit ihren Mitarbeitern ein Gedanke eint und sie so gewissermaßen zu einem Körper zusammenschweißt. Deshalb steht hinter jeder Regel ein Ziel. Unter Punkt 1 „Anlass nennen" heißt die neue Regel, bis um 15 Uhr eingehende Bestellungen noch am selben Tag abzuarbeiten und zum Versand zu bringen. Das dahinterstehende Unternehmensziel: zufriedene Kunden. Zufriedene Kunden will jedes Unternehmen, nicht zuletzt, um das wirtschaftliche Überleben zu sichern. Doch ergeben sich aus Sicht der Mitarbeiter unterschiedliche Sichtweisen. Während der Verkäufer quasi auf du und du ist mit dem Kunden und so natürlich von einem hohen Maß an Kundenzufriedenheit abhängig ist, so wird seine Buchhalterin an diesen Kunden nicht unbedingt einen Gedanken verschwenden. Für sie sind Kunden eher Zahlen, weshalb sie zu ihnen eine andere emotionale Bindung haben wird als der Verkäufer, auch wenn sie weiß, dass ihr Arbeitsplatz von der Zufriedenheit aller Kunden abhängt. Wenn das Ziel hinter der Regel für „zufriedene Kunden" steht, wird das die Geschäftsführung freuen, emotional aber nur die wenigsten Mitarbeiter berühren. Das könnte den Erfolg der Regel gefährden. Deshalb ist im dritten Schritt jedem Mitarbeiter der Nutzen hinter der Regel zu vermitteln. Wie im Kapitel „Mundwerker" erwähnt, ist für dreiviertel aller Beschäftigten das „Betriebsklima" wichtiger als das Gehalt/Geld.

3. Nutzen hervorheben

Die Frage nach dem Nutzen ist die Fragen nach dem Sinn des Tuns – des Einzelnen wie aller im Unternehmen engagierten Mitarbeiter. Das setzt voraus, dass sich Führungskräfte zunächst selbst mit dem Sinn dessen, was sie tun, auseinandergesetzt haben. Nur so können sie ihren Mitarbeitern den Sinn ihrer Arbeit nahe bringen.

Ein Wanderer trifft in einem Wald auf einen griesgrämigen Holz-fäller, der mit der Säge Bäume fällt und danach die Rinde abspaltet. Neugierig fragt der Wanderer, wozu er die Arbeit verrichtet. „Ich fälle die Bäume, weil mein Chef das Holz benötigt", antwortet der so Gefragte mürrisch. Der Wanderer setzt seinen Weg fort und trifft nach einigen Metern auf einen weiteren Holzfäller, der mit guter Laune die gleiche Arbeit verrichtet. Pfeifend schwingt er „taktvoll" die Axt. Nachdem der Baum gefällt ist, macht er sich an die Rinde. Obwohl der Wanderer glaubt, die Antwort zu kennen, fragt er den engagierten Holzfäller, warum er diese Arbeit hier im Wald verrich-tet. „Unser Handwerksbetrieb erstellt schlüsselfertige Holzhäuser von Meisterhand. Ich arbeite daran mit, damit unsere Kunden schon bald ein schützendes Dach über dem Kopf haben und umgeben sind von einem wohligen, einzigartigen Raumklima."

Für den einen ist die Arbeit nur die Arbeit für den Chef, während der andere „Holzhäuser für ein gesundes Leben" baut. Dieselbe Tä-tigkeit aus unterschiedlichem Blickwickel betrachtet, ist für den ei-nen Arbeit, für den anderen „Nutzen stiften". In diesem Fall sorgt der Arbeiter für ein gesundes Leben. Nutzen schafft Orientierung, Verlässlichkeit und Antrieb. Natürlich bleibt Baumfällen Baumfällen. Erst der Sinn im Tun macht den Unterschied und damit den Erfolg. Und wer etwas zum Erfolg beiträgt, fühlt sich besser. Gute Mitarbei-ter wollen dort arbeiten, wo sie dieses Gefühl erleben. Dabei spielt es keine Rolle, ob ein Holzhaus erstellt wird oder ein Mitarbeiter am

Fließband die Schraube an der Lenkradstange festdreht. Obwohl es sich hierbei nur um eine Schraube handelt, landet das Auto im Straßengraben, wenn sie nicht befestigt wurde. Also ist die Arbeit dieses Mitarbeiters an dieser Stelle genauso wichtig wie die Arbeit des Ingenieurs, der die Idee zu diesem Auto hatte. An der Führungskraft ist es, ihm, dem Fließbandmitarbeiter, diese seine wichtige Funktion bewusst zu machen und so ständig in Erinnerung zu halten. Das ist deshalb so wichtig, weil der Mensch ein „gesellschaftliches Wesen" ist und nach Anerkennung sucht. Womit wir wieder bei der Einleitung zu diesem Beitrag sind. Je größer die Wertschätzung, desto engagierter die Mitarbeiter.

Ein „gelungenes Beispiel" für das Kommunizieren von Spielregeln ist für mich der US-amerikanische Gigant Caterpillar, Hersteller von so genannten Erdbewegungsgeräten. Dieser erwirtschaftet einen jährlichen Umsatz von 50 Milliarden Dollar. Damit erlöst es zweimal mehr als der japanische Konkurrent und Branchenzweite Komatsu.

Caterpillar erwirtschaftete in 2010, also zwei Jahre nach dem Ausbruch der Finanzkrise, 57 Prozent mehr Umsatz und fünfmal mehr Gewinn als 2009. 2011 erwirtschaftete das Unternehmen sogar einen der höchsten Gewinne in seiner Firmengeschichte. Diese phänomenale Entwicklung hat natürlich mehrere Gründe, u. a. den, dass sie Regeln folgt. So konfrontierte der Konzernchef Jim Owens 2005 die Mitarbeiter mit einer einzigen Frage. Ausgerechnet in diesem Jahr verdiente das Unternehmen überdurchschnittlich. Es gab augenscheinlich keinen Grund, an das Schlechte zu denken. Dennoch stellte Jim Owens die Frage[38] (und damit eine Regel auf): *„Nehmen wir an, das Minengeschäft bricht in zwei Jahren um 80 Prozent ein. Wie reagieren wir, um noch Geld zu verdienen?"* In den nächsten Wochen waren die Mitarbeiter damit beschäftigt, eine Antwort auf diese Frage zu liefern. Das Ergebnis wurde in einem 13-Punkte-Plan zusammengefasst. Dieser Plan war auf den Notfall ausgerichtet. Mit ihm sollten mindestens drei Krisenziele sichergestellt werden. Nur zwei Jahre später erfasste die Finanzkrise auch dieses Unternehmen. Die Unternehmensleitung war wegen des Notfallplans bestens vorbereitet. *„Wir brauchten nicht lange rumwurschteln"*, sagte Finanzvorstand Ed

Rapp später in einem Interview. Man holte einfach die Pläne hervor und handelte danach. Randsparten wurden geschlossen, Kerngeschäftsfelder gestärkt, Händler und Zulieferer unterstützt. Somit wurden alle drei Ziele erreicht. Das führte dazu, dass Caterpillar nichts von seiner enormen Finanzkraft einbüßte.

So sieht sie aus, die Leidenschaft der Mitarbeiter für ihr Unternehmen. Damit lässt sich fast jede Krise überstehen. Wer einen Sinn in seinem Tun und Handeln sieht, identifiziert sich voll und ganz mit „seinem" Unternehmen. Das Gefühl geht buchstäblich unter die Haut, weil es sich gut anfühlt, Mitglied einer tollen Firma sein zu dürfen.

Wer nicht glaubt, dass wir Männer Gefühle zeigen können, der sollte samstags in ein Fußballstadion gehen. Ich bin mir sicher, dass er fortan eine andere Meinung über uns haben wird. Da rennen 20 Fußballer einem Ball hinterher, um selbigen am „elften Mann" vorbeizuschießen, was der wiederum zu verhindern versucht. Davon sind bis zu 80.000 Gäste eines Fußballstadions genauso fasziniert wie die Millionen vor den Fernsehern. Diese Begeisterung für ihren Verein tragen sie offen zur Schau, so dass es jeder sehen kann. Stolz schlagen sie sich einen Schal mit den Initialen ihres Vereins um den Hals, heften sich „ihr" Vereinsemblem ans Revers oder verbringen ihre Freizeit in sündhaft teuren T-Shirts ihres Lieblingsvereins. Einige von ihnen kleben sogar die Heckscheibe ihrer Autos mit allen möglichen Aufklebern ihrer Idole zu. Die „Hardcore-Fans" lassen sich sogar das Symbol ihres Vereins in den entsprechenden Farben auf die Haut tätowieren.

Wenn Sie mit öffentlichen Verkehrsmitteln zur Arbeit fahren, achten Sie einmal darauf, wie viele der Mitreisenden ein Namensschild ihrer Firma öffentlich tragen. Ist es nicht eher so, dass alles irgendwie zur Schau gestellt wird? Krawatte, Anzug, Schuhe oder Mantel. Selbstbewusst tragen die Damen und Herren Namen der Modehersteller zur Schau. So trägt jemand z. B. ein Shirt eines Herstellers mit dem Vornamen Hugo, der andere eins von Tommy. Ein Herr mittleren Alters mag wohl eher einen Ralph, während eine gut gekleidete Dame einen Mantel eines Herstellers mit Vornamen Gerry ihr Eigen nennt. Alles irgendwie „normal". Wohingegen es wohl eher „un-normal" ist, den Namen seines Arbeitsgebers, für den man noch nicht einmal etwas bezahlen muss, öffentlich zu präsentieren. Selbst Verkäufer dieser oben genannten Unternehmen tragen kein Firmen-logo. Ihr Aktenkoffer ist in schlichtem Schwarz gehalten, natürlich ohne Firmenlogo. Der Kugelschreiber trägt den Namen eines Ber-ges, obwohl sein Arbeitgeber eigene mit Logo hat produzieren las-sen.

 www.synergie-mt.de

Denys Scharnweber

Erfolg folgt Gefühlen

Denys Scharnweber
Erfolg folgt Gefühlen

„Der große Mann eilt seiner Zeit voraus. Der Kluge kommt ihr nach auf allen Wegen. Der Schlaukopf beutet sie gehörig aus. Der Dummkopf aber stellt sich ihr entgegen. "

Eduard von Bauernfeld

„Ja, mach nur einen Plan, sei nur ein großes Licht und mach dann noch 'nen zweiten Plan, gehn tun sie beide nicht...", so belehrt Bertolt Brecht in seiner Dreigroschenoper, die 1928 in Berlin uraufgeführt wurde. Mehr als 80 Jahre sind inzwischen ins Land gegangen. 80 Jahre, die beweisen, wie Recht er doch hatte, der große deutsche Schriftsteller.

Ein Blick in die Tagespresse und wir wissen genau, welche Firmen welche Umsätze und Gewinne für ein Geschäftsjahr planen. Doch nicht erst mit Ausbruch der Finanzkrise wird deutlich, dass trotz sorgfältiger Planung Firmen immer seltener ihre geplanten Geschäftsziele erreichen. Das darf sie natürlich nicht davon abhalten, an ihren Plänen und Zielen festzuhalten. Nicht nur die Gläubiger, Aktionäre und Kunden haben ein Recht darauf zu erfahren, wie es um ein Unternehmen bestellt ist, sondern auch die Mitarbeiter. Sie alle sind vom Erfolg der Firma abhängig. Ohne Erfolg kein Umsatz und kein Gewinn und damit am Ende auch kein Geld für Löhne und Gehälter.

Insofern braucht es Pläne, die die „Marschrichtung" vorgeben und eine korrektive Funktion übernehmen. Nur wer das Ziel kennt, kennt den Weg, wie schon der römische Philosoph Seneca (65 n. Chr.) schrieb: *„Wenn ein Seemann nicht weiß, welches Ufer er ansteuern muss, dann ist kein Wind der richtige".* Ohne Ziele wüssten wir also nicht, ob wir noch auf dem richtigen Weg sind oder bereits abseits wandeln.

Wenn also Pläne, sowohl für den persönlichen Erfolg als auch für den unternehmerischen, so eminent wichtig sind, mag sich mancher fragen, warum nur sind sie so schwer zu realisieren? Natürlich gibt es mehrere Gründe für ein Scheitern, aber nur einen, der bei vielen gescheiterten Existenzen die entscheidende Rolle spielt: Emotionen.

Wir glauben, der Kopf allein reicht aus, um die Herausforderungen zu meistern. Deshalb arbeiten viele nach dem ZDF-Prinzip. Dieses Akronym steht nicht für *„Mit dem Zweiten sieht man besser"*, sondern für Zahlen, Daten und Fakten und damit für die Ratio (= rationales Denken), die unserem Verstand entspringt, welcher seinen Sitz im Kopf hat. Darüber schrieb Bertolt Brecht ebenfalls in seiner Dreigroschenoper: *„Der Mensch lebt durch den Kopf. Der Kopf reicht ihm nicht aus. Versuch es nur; von deinem Kopf lebt höchstens eine Laus, denn für dieses Leben ist der Mensch nicht schlau genug. Niemals merkt er eben allen Lug und Trug."*

Das Gegenteil von »rational« ist »emotional«, sollte man meinen. Stimmt aber nicht. Das Gegenteil von »emotional« ist »irrational«. Deshalb ist das Gegenteil von »emotional« nicht »rational«, sondern »emotionslos«, also gefühllos. Verstand und Gefühl müssen sich nicht zwingend ausschließen. Es ist durchaus möglich, eine »rationale« Position mit großer emotionaler Leidenschaft zu vertreten, ohne dabei wirklich etwas Sinnvolles gesagt zu haben. Ich könnte Ihnen einige Berufsstände aufzählen, wo genau dieses Verhalten an der Tagesordnung ist. Doch halte ich es so, wie der russische Autor Graf Leo Tolstoi (1828-1910) einst sagte: *„Alles ist belanglos, ausgenommen das, was wir im gegenwärtigen Augenblick tun."* Womit wir wieder beim Thema sind. Es geht weniger um das Morgen als vielmehr um das Heute, das intensiv gefühlt und gelebt werden sollte.

Denn auch das Gegenteil ist möglich. Man kann irrationale Dinge ohne jede Gefühlsregung in den Raum stellen. Doch wird man damit die Herzen der Menschen kaum erobern. Viel wichtiger als das, was wir sagen, ist es, wie wir es sagen. Es ist die Sprache unseres Körpers, mit der wir überwiegend kommunizieren. An diesem Prozess sind alle Organe und die über 70 Billionen Zellen beteiligt, wie viele Studien inzwischen beweisen. So hat z. B. der US-amerikanische Stressforscher Doc Childre in über 30 Jahren Forschung nachgewiesen, dass das menschliche Herz weit mehr ist als nur der Muskel, der das Blut durch die Adern pumpt. Das Herz sendet emotionale und intuitive Signale an das Gehirn, die unser Leben entscheidend lenken. Doc Childre geht sogar noch weiter und behauptet, dass Herzen untereinander mit anderen Menschen kommunizieren können. Die über 40.000 Nervenzellen des Herzens bilden zusammen mit unserem Gehirn ein hoch sensibles Organ zur Beurteilung der Stimmung anderer Menschen. Womit bewiesen ist: Emotionen sind der Schlüssel zu den Herzen der Menschen. Das zu erkennen, ist für Unternehmen, die die Herausforderungen der Zukunft meistern wollen, unabdingbar, denn:

> *„Es reicht nicht, Strategien zu entwickeln. Um wirksam zu sein, brauchen Strategien die Verbindung mit Emotionen. Damit Unternehmen in Zukunft erfolgreich am Markt bestehen können, ist eine andere Art der Führung notwendig. Eine Führung mit Herz und Verstand.“*

Das ist mein Credo als Verkaufs- und Persönlichkeitstrainer! Wenn in einer Welt Produkte und Dienstleistungen sich immer mehr gleichen, die Unterschiede feinster Natur sind und das Internet einen gnadenlosen Preiskampf entfacht, der immer mehr Firmen in Existenznöte bringt, macht das deutlich, vor welchen Aufgaben heute nicht nur Führungskräfte stehen, sondern auch die Mitarbeiter. Lebenslanges Lernen ist unabdingbar, will man verhindern, dass neue Mitarbeiter an den alten vorbeiziehen und die besten Positionen besetzen. Die Zeiten der Ellenbogenmentalität sind inzwischen vorbei. Erfolg hat der, der Wissen und Emotionen verbindet. Ein nicht immer leichtes Unterfangen, wie auch Woody Allen weiß: *„Das Schwierigste im Leben ist es, Herz und Kopf dazu zu bringen, zusammenzuarbeiten. In meinem Fall verkehren sie noch nicht einmal auf freundschaftlicher Basis.“*

„Alles, was wirklich zählt, ist Intuition", meinte Albert Einstein. Gefühle sind deshalb kein Störfaktor für klares Denken, sondern wichtiger Bestandteil jeder klugen Entscheidung, wie inzwischen immer öfter empirisch bewiesen wird. So haben z. B. amerikanische Forscher herausgefunden, dass Entscheidungen, die aus dem Bauch heraus getroffen werden, in fast allen Fällen, nämlich 98 Prozent, richtig sind, wenn der Mensch die Signale aus dem Bauch richtig deutet, also auf sein Gefühl achtet.

US-Psychologen ließen Versuchsteilnehmer aus fünf verschiedenen Kunst-Postern das auswählen und mitnehmen, das ihnen am besten gefiel. Die Hälfte der Teilnehmer musste sich nach wenigen Sekunden entscheiden, die anderen sollten die Bilder erst schriftlich bewerten. Einige Wochen später wurden alle telefonisch befragt, ob sie das Poster zu Hause aufgehängt hätten. Die spontanen Entscheider bejahten überwiegend. Die Nachdenker dagegen waren mit ihrer Wahl nicht glücklich: Keiner hatte das Poster an die Wand gepinnt.

Denken verhindert Fühlen! In einer Studie[39] der Akademie für Führungskräfte der Wirtschaft gaben 94,6 Prozent der Befragten an, dass Authentizität wichtig sei, um motivieren zu können. Ihrer Meinung nach ist von größter Bedeutung, dass eine Führungskraft hundertprozentig zu dem steht, was sie sagt und tut. Ich gehe davon aus, dass in naher Zukunft Führungskräfte nur noch einen Teil ihrer Aufgaben durch Strategien und Denkmodelle lösen können und das Gros ihrer Zeit „ohne Denken" verbringen werden. Es sind die Soft-Skills und nicht die Hard-Skills, die in Zukunft über Hopp oder Top entscheiden.

Hard-Skills stehen im weitesten Sinne für die fachliche Kompetenz. Soft-Skills sind vor allen Dingen soziale, kommunikative und methodische Kompetenzen. Beim Führen von Menschen spielen diese Soft-Skills die alles entscheidende Rolle, weshalb jeder Impuls richtig wahrgenommen und gedeutet werden muss. Impulse, die das Unterbewusstsein sendet, erzeugen Gefühle.

Um diesen Impulsen zu folgen, braucht es Vertrauen – Vertrauen in sich selbst, denn

„wer nicht vertrauen kann, findet kein Vertrauen".

Vertrauen ist dabei mehr als nur ein Lippenbekenntnis. Gelebtes Vertrauen entspringt aus jeder Zelle des Körpers. Deshalb hat er Recht, der deutsche Schriftsteller Friedrich Nietzsche: *„Man lügt zwar mit dem Mund, mit dem Maul, doch durch das, was man dabei macht, sagt man doch die Wahrheit."*

In jeder Sekunde unseres Daseins senden wir Signale aus, die von unserer Umwelt aufgenommen und interpretiert werden. Die meisten Informationen werden dabei vom Unterbewusstsein aufgenommen, weil unser Bewusstsein mit der Menge der Daten hoffnungslos überfordert wäre. In den ersten Sekunden „scannt" das Unterbewusstsein sein Gegenüber ab und achtet dabei auf Mimik, Gestik, äußere Erscheinung und natürlich auf die Körpersprache. Letztere lässt sich kaum steuern, weil hier das Unterbewusstsein, unfehlbar genau das tut, was ihm vorher eingegeben wurde. Es formt aus seinen gespeicherten Informationen, die aus Daten, Fakten und Gefühlen bestehen, seine eigene Sprache. Dadurch entsteht die so genannte nonverbale Kommunikation. Dieser Körpersprache vertrauen die Menschen meist mehr als dem gesprochenen Wort. Wenn das gesprochene Wort nicht zur Körpersprache „passt", führt dies beim Gegenüber zu Irritationen. Sein Körper „spürt", dass irgendetwas nicht stimmt. Gelingt es nicht, während des Gesprächsverlaufs eine Übereinstimmung zwischen Wort und Körper herzustellen, lehnt der Gesprächspartner diese Person ab. Das Gespräch kann noch Stunden dauern, es wird ohne Bedeutung sein.

Ihr Körper und der Körper Ihres Gesprächspartners kommunizieren nonverbal. Experten gehen davon aus, dass wir bereits bis zu 90 Prozent von dem, was wir sagen, nonverbal ausgedrückt haben, ehe wir das erste Wort über die Lippen gebracht haben. Deshalb braucht Führung Authentizität. Wer darüber nicht verfügt und als Führungskraft nicht hinter den Zielen der Firma steht, das aber von den Mitarbeitern einfordert, wird scheitern, weil er von seinem Team nicht „für voll genommen wird". Denn: Die Zunge kann lügen, der Körper nie.

„Hast du nur ein Wort zu sagen, nur einen Gedanken, dann lass es Liebe sein. Kannst du mir ein Bild beschreiben mit deinen Farben, dann lass es Liebe sein... Das ist alles, was wir brauchen. Noch viel mehr als große Worte... Liebe ist alles. Liebe ist alles... ", meinte das Duo „Rosenstolz" in seinem Song „Liebe ist alles". Der Song wurde ein Hit. Auch sind es nur noch wenige Künstler wie die deutschen Helene Fischer und Andrea Berg sowie internationale wie Lady Gaga und Madonna, natürlich auch Männer, wie Elton John pp., die heute Hallen mit mehr als 10.000 Besuchern füllen. Das schafft außer ihnen fast niemand mehr. Viele ihrer Songs handeln von Liebe und damit von Emotionen. Dadurch sichern sich die Sänger und Sängerinnen seit Jahren einen Platz in den Top Ten-Listen der Musikcharts, während ihre Fangemeinde stetig wächst.

Wohin der Betrachter auch schaut, selbst das Liebesversprechen eines großen deutschen Einzelhändlers ist allgegenwärtig und prangt in großen Lettern über allem: *„Wir lieben Lebensmittel"* (wobei das »lieben« teilweise durch ein gelbes Herz ersetzt wird). Das Unternehmen ist inzwischen Deutschlands größter Lebensmittelhändler. Das Ganze lässt sich sogar noch steigern, wie ein weltweit tätiges Fast Food-Restaurant beweist. Seine Liebesbekundungen sind in etliche Sprachen übersetzt worden, sodass jeder um dieses wunderbare Gefühl weiß, mit dem der Konzern „schwanger geht": *„Ich liebe es"* (international: „I´m lovin it"). Das Unternehmen hat es sogar geschafft, sowohl die englische als auch die deutsche Liebesbekundung als Wortmarke patentrechtlich zu schützen, obwohl ganze Sätze für gewöhnlich nicht schutzwürdig sind und somit eigentlich nicht mit einem ® oder einem ™ (engl. Trademark) versehen werden können. Eigentlich! Bekanntlich aber keine Regel ohne Ausnahme. Womit einmal mehr bewiesen ist, dass der Glaube Berge versetzt und die Bibel doch Recht behalten hat: *„Selig sind, die nicht sehen und doch glauben"*.

„Nun aber bleiben Glaube, Hoffnung, Liebe, diese drei. Am größten jedoch unter ihnen ist die Liebe", meint ebenfalls die Bibel. Mit diesen Zitaten will ich Sie nicht auf eine Religion festlegen, sondern sie nur als Gedankenimpuls verstanden wissen. Die Bibel ist eines der ältesten Bücher der Welt und doch bemerkenswert aktuell mit vielen Aussagen. Ich habe große Zweifel, dass die heute geschriebenen Worte 2.000 Jahre und mehr überdauern werden, auch wenn einige „soziale Netzwerke" alle Daten ihrer Nutzer „lebenslang" speichern. Das macht sie aber nicht zwingend interessanter. Zudem leben wir in einem inflationären Informationszeitalter, von dem der Psychiater Prof. Dr. Dr. Manfred Spitzer sagt[40]: *„Wir googeln uns blöd".* Er ist davon überzeugt, dass insbesondere bei Kindern das Surfen im Internet zu langfristigen Schäden am Hirn führen kann.

Ob diese Feststellung etwas am Verhalten der Betroffenen ändert, darf bezweifelt werden. Immerhin sind 76 Prozent der Erwachsenen und fast 100 Prozent der Jugendlichen online. Genau deshalb schwindet ihre Erinnerung an Begegnungen. Sie müssen nicht mehr das Haus verlassen, um mit anderen live in Kontakt zu treten. Die Technik macht´s schnell möglich. Zu schnell, wie ich meine. Denn kaum einer wird heute noch wissen, wie viele Internetseiten er gestern besucht bzw. mit wem er im Chat geplaudert hat. Mit Wissen meine ich an dieser Stelle „aus der Erinnerung" und nicht ein Chat-Protokoll. Wer dagegen zum Telefonhörer greift und einen lieben Menschen anruft, erinnert sich daran Tage später noch. Wesentlich stärker aber dürfte die Erinnerung sein, wenn statt eines Telefonats ein Besuch erfolgte. Bei dieser zwischenmenschlichen Begegnung laufen unbewusst Prozesse ab, die in dieser Form kaum mit anderen Kommunikationsmitteln zu erreichen sind. Es sind eben Gefühle „im Spiel". Gefühle, die durchaus auch in Worte gepackt werden können. Doch macht es einen Unterschied, ob ich diese digital versende oder einem Menschen gegenüberstehe. Wenn es anders wäre, würden die Unternehmer alle Außendienstmitarbeiter abschaffen und nur noch über Webinare oder andere digitale Nachrichtenmöglichkeiten kommunizieren.

Worte sind nämlich mehr als nur aneinandergereihte Buchstaben. Worte lösen in uns Gefühle aus, beabsichtigt wie unbeabsichtigt. Ein falsches Wort kann fatale Folgen haben. Es macht einen Unterschied, ob Sie zu Ihrem Kind sagen: „Das kannst du nicht" oder „Das kannst du auch nicht". Ich muss nicht erklären, was das Partikel „auch" bei Ihrem Kind anrichtet. Sie suggerieren ihm, dass es mehrere Dinge nicht „kann", auch wenn Sie es nicht so sehen bzw. meinen. Worte zerstören, wo sie nicht hingehören. Hoffnung, Trauer, Liebe, Freude, Angst und vieles mehr sind Gefühle, die auch durch Worte aktiviert werden. Worte können uns buchstäblich in Bewegung bringen oder zum Stillstand zwingen. Je nachdem, welche Bilder wir mit ihnen verbinden. Zu fast allen Wörtern aus unserer Muttersprache haben wir nicht nur Bilder gespeichert, sondern auch die damit zusammenhängenden Gefühle. Das zeigt, über welche ungeheure Fähigkeit das menschliche Hirn verfügt. Worte vergessen wir, doch Bilder und Gefühle, die wir damit in Verbindung bringen, nicht.

In Goethes „Faust" heißt es: *„Gefühl ist alles, Name ist Schall und Rauch"*. Wie Recht er doch hat. Nehmen wir das Wort Chef. Was löst dieser Begriff, der nichts anderes beschreibt als eine Position im Unternehmen, bei Ihnen aus? Je nachdem, wie Sie zu Ihrem Chef stehen, wird dieser Begriff Bilder und Gefühle in Ihnen wachrufen, die Ihre Meinung über ihn bestätigen. Sehen Sie in Ihrem Chef, mit Verlaub, einen Menschenschinder, dürften die negativen Bilder und Gefühle überwiegen. Ist Ihr Chef ein „Kumpel", der Ihnen mit Rat und Tat zur Seite steht, der immer ein offenes Ohr für Sie hat, der Sie fördert, weil ihm Ihre Karriere wichtig ist, sind es überwiegend positive Bilder und Gefühle, die in diesem Augenblick in Ihnen aufsteigen.

Das Beispiel zeigt, dass einzelne Wörter alles andere als emotionslos sind. Sie haben eine ungeheure Wirkung und verhalten sich dabei wie ein Pfeil. Einmal losgelassen, gibt es kein Zurück mehr. Daher lautet meine Empfehlung: „Vor dem Sprechen Gehirn einschalten". Sehen Sie mir diesen Kalauer nach, auch wenn er durchaus ernst gemeint ist. Wenn nämlich das Wort allein schon unser Gefühlsleben durcheinanderwirbeln kann, um wie viel mehr können es dann ganze Sätze, die sich bekanntermaßen aus mehreren Wörtern zusammensetzen? Auch hier macht es einen sehr großen Unterschied, wie und was gesagt wird. Dabei dürfen Sie nicht übersehen, dass es nicht nur um die gesprochenen Worte geht, die über Ihre Lippen nach außen dringen, sondern auch um die Ihrer „inneren Stimme", mit der Sie im ständigen Dialog stehen. Pausenlos spricht sie mit Ihnen. Haben Sie beobachtet, wie sie mit Ihnen spricht? Sagt sie z. B.: „Ich bin stinksauer"? „Stinken" und „sauer". Wirklich? Stinken Sie und sind Sie sauer wie Essig? Natürlich nicht und doch bläuen Sie das Ihrem Unterbewusstsein ein, wenn Sie so von und mit sich sprechen. „Ich bin deprimiert". Mit anderen Worten: Sie haben eine Depression. Wirklich? Wenn nicht, warum reden Sie sich so etwas ein? „Mann, bin ich dumm". Hat Ihnen das Ihr Lehrer gesagt, dass Sie es immer wiederholen und sich damit nicht nur unnötig geißeln, sondern sogar auch Ihre eigenen Erfolge gefährden? Die Frage ist doch: Wann ist ein Mensch dumm? In dieser arbeitsgeteilten Welt kann es das Universalgenie nicht mehr geben. Das letzte hatten wir vor mehr als 300 Jahren. Gottfried Wilhelm Leibniz (1646-1716) war der letzte Lebende, der das gesamte zu dieser Zeit vorhandene Wissen der Menschheit in sich als Person vereinte. Inzwischen sind wir Menschen ein Volk von Experten geworden. Ein guter Elektriker gibt deshalb keinen guten Bürokraten und umgekehrt. Doch würde der Bürokrat sich nicht als dumm bezeichnen, weil ihm das Wissen zum Anschließen einer Deckenleuchte fehlt.

Viel zu leichtfertig sind wir mit negativen Begriffen zur Hand und merken gar nicht, wie wir uns damit selbst schaden. Auch wenn Martin Luthers Feststellung etwas unterhalb der Gürtellinie zielt, so steckt in ihr ein Körnchen Wahrheit: *„Aus einem verzagten Arsch kommt kein fröhlicher Furz"*. Wer sich den lieben langen Tag mit negativen Wörtern, Bildern und Gefühlen beschäftigt, kann unmöglich nach außen einen fröhlichen Menschen abgeben. Der Körper kann seine Gefühle nicht überspielen. Sie können sich noch so bemühen, an einem schlechten Tag „gut drauf sein zu wollen", es wird Ihnen nicht gelingen. Die Körpersprache ist einzigartig und so hochgradig vernetzt mit allen Organen und Sinnen, dass kein noch so aufgeweckter Mensch dieses System überlisten kann. Einzig eine „andere" bessere Einstellung bewirkt die wunderbare Veränderung. Je mehr wir auf das achten, was wir sagen und denken, desto größer ist die Chance, unser Leben in die richtige Spur zu bringen. Dazu braucht es nicht viel, außer Bewusstsein.

Werden Sie sich bewusst, wer Sie sind, was Sie können, wohin Sie wollen – dann handeln Sie. Sie können sofort anfangen. Während der körperliche Speck nur mühsam abtrainiert werden kann, indem regelmäßig das Fitness-Studio aufgesucht wird, was mit Aufwand und Geld verbunden ist, so braucht die „Wort-Übung" keine körperlichen Anstrengungen, sondern nur Aufmerksamkeit. Dafür brauchen Sie noch nicht einmal Zeit zu reservieren. Sie können den Veränderungsprozess in den täglichen Arbeitsablauf integrieren. Mit ein wenig Übung werden Sie schon bald negative Begriffe und Formulierungen durch positive ersetzen. Nehmen wir hierzu die vorherigen negativen Aussagen und schauen uns an, wie sie positiver formuliert werden können.

Wie sage ich es besser?:

Falsch: Richtig:
„Ich bin stinksauer." ➡ *„Die Situation hatte ich mir anders vorgestellt."*

Falsch: Richtig:
„Ich bin deprimiert." ➡ *„Heute geht es mir nicht so gut."*

Falsch   Richtig:
„Mann, bin ich dumm." ➡ *„Hier fehlt mir das Wissen."*

Falsch: Richtig:
„Ich bin im Stress". ➡ *„Heute bin ich sehr beschäftigt."*

Und, berührt Sie diese Erkenntnis? Wie fühlen Sie sich dabei? Irritiert über diese Fragen? Nun, welcher der vielen Sinne ist Ihrer Meinung nach der wichtigste? „Hören", „Riechen", „Schmecken", „Sehen" oder „Tasten"? Alle sind wichtig, natürlich. Doch ohne den Tastsinn sind wir aufgeschmissen. Mit Sicherheit haben Sie sich schon einmal verhört oder versehen. Doch haben Sie sich auch schon mal „vertastet"? Tatsächlich ist der Tastsinn mit Abstand der wichtigste. Schon ein Fötus im Leib der Mutter fühlt bereits nach wenigen Monaten. Nach der Geburt findet die Kommunikation zwischen Säugling und Mutter über den Körperkontakt und damit über die Berührung statt. In diesem Stadium ist er vorerst der wichtigste Sinn, um die Welt zu erkunden.

„Der Sinn für Berührung ist unser wichtigster.
Ohne ihn können wir nicht existieren",

sagt Dr. Martin Grundwald, Leiter des Haptiklabors der Universität Leipzig[41]. Die Berührung trifft uns im Gefühl. Sie brennt sich buchstäblich und fast unauslöschlich in unser haptisches Gedächtnis ein. Wie man sich nicht „vertasten" kann, so bleibt auch keine Berührung belanglos. Zudem löst Streicheln ein Feuerwerk aus „Kuschelhormonen" aus. Der Körper wird durchflutet von einem Gefühl der Geborgenheit. Frühchen überleben häufiger, wenn sie massiert werden. Basketballteams gewinnen öfter, wenn Spieler beim Match viel Körperkontakt halten. Kellnerinnen bekommen mehr Trinkgeld, wenn sie den Gast nur flüchtig berühren. Kein Wunder, sitzen doch in der Fingerkuppe von uns Menschen etwa 700 Berührungs- und Druckrezeptoren, damit wir unsere Umgebung möglichst genau ertasten können[42].

Berührungen berühren (uns), sie hinterlassen einen dauerhaften Eindruck. Worte dagegen weniger, selbst wenn wir mit emotionaler Stimme sprechen. Ein Forscherteam um Annett Schirmer von der National University of Singapore geht davon aus, dass die Worterkennung durch Emotionen schneller und akkurater erfolgt[43]. Doch langfristig erinnert sich der Zuhörer an emotional eingefärbte Sätze nicht so deutlich wie an neutrale. Dennoch lösen Wörter, wie bereits erwähnt, Gefühle aus. Sätze, die mit trauriger Stimme geäußert wurden, sind in der Erinnerung negativer besetzt als Sätze, die mit neutraler Stimme ausgesprochen wurden. Schwingt Ärger, Heiterkeit oder Angst mit, bekommt die Sprache einen eindringlichen Charakter, der sonst fehlt. Die Stimme wird lauter oder weicher, eiliger oder langsamer. Das erzeugt beim Gegenüber Neugierde. Er hört aufmerksamer zu. Doch zuhören und behalten sind zwei Paar Schuhe. Das besagte Forscherteam ließ Damen und Herren traurig und neutral gesprochene Wörter hören. Später wurden ihnen diese Worte visuell gezeigt. Dabei stellte sich heraus, dass die Teilnehmer dieser Studie Wörter besser wiedererkannten, wenn sie sie zuvor in neutralem statt in traurigem Tonfall gehört hatten. Dazu heißt es in der Studie:

„Emotionale Stimmen bewirken Veränderungen im Langzeitgedächtnis. Sie fesseln die Aufmerksamkeit des Zuhörers und haben Einfluss darauf, wie Wörter später erkannt und welche Emotionen ihnen zugeordnet werden. Genauso wie andere emotionale Signale, beeinflusst auch die Stimme den Zuhörer noch über einen längeren Zeitraum."

Womit Goethe bestätigt wird: *„Gefühl ist alles. Name ist Schall und Rauch, umnebelnd Himmelsglut…".*

Voran, nie zurück

„Nichts ist so beständig wie der Wandel", schrieb der griechische Philosoph Heraklit von Ephesus vor mehr als 2.500 Jahren. Eine Erkenntnis, die bis heute nichts von ihrer Aktualität verloren hat. Gleichwohl scheint ein nicht unerheblicher Teil der Bevölkerung, offensichtlich große Probleme mit Veränderungen zu haben, insbesondere die Deutschen. Sie lieben das Wort „garantiert" und „Sicherheit". So sehr, dass sie selbst die Realität auf den Kopf stellen. Da lese ich in einer Zeitung von einer Schiffswerft, die mehrere Anschlussaufträge verliert. Die Reedereien vergaben ihre neuen Schiffsbauaufträge an andere Länder, weil diese für weniger Geld die gleiche Arbeit und Qualität liefern. Daraufhin entschied der Vor-

stand der deutschen Werft, dass aufgrund dieser Entwicklung ein zweistelliger Millionenbetrag eingespart werden muss, um das Überleben der Werft zu sichern. Die Gewerkschaft fand sich mit dieser Entscheidung nur schwer ab und ließ verlauten, dass ihre Mitglieder durchaus bereit seien, diesen schweren Weg zu gehen, aber an der Beschäftigungsgarantie bis zum Jahre 2016 sei nicht zu rütteln.

Dass ein solcher Unsinn noch gedruckt wird, will mir nicht in den Sinn. Da kämpft eine Werft ums wirtschaftliche Überleben, weil Aufträge fehlen, doch soll sie, bitte schön, ihre Angestellten etliche Jahre weiter beschäftigen, weil man in besseren Zeiten eine Arbeitsplatzgarantie ausgehandelt hatte, deren Bestand nicht in Frage gestellt werden darf. Dieses Verhalten zeigt, dass es vielen an gesundem Menschenverstand fehlt, sobald eine Garantie in Gefahr ist. Natürlich wünsche ich jedem Arbeiter und Angestellten einen sicheren Arbeitsplatz. Doch entscheidet nicht nur die Unternehmensführung über dessen Erhalt, sondern die Auftragslage. Wenn zu teuer produziert wird, aus welchen Gründen auch immer, und somit andere das Rennen machen, dann bleiben zahlende Kunden aus. Ohne zahlende Kunden keine zahlenden Unternehmer. So einfach und scheinbar doch so kompliziert.

Nun kann man nicht erwarten, dass die schwierigen wirtschaftlichen Zusammenhänge von jedermann verstanden werden. Ein guter Handwerker mit außergewöhnlichem Geschick gibt selten einen guten Buchhalter. Insofern ist den Betroffenen kein Vorwurf zu machen. Und doch sehe ich ihnen ihr Verhalten nicht nach, weil sie sich weigern, ihre Komfortzone zu verlassen. Sie sind vorbei, die „guten alten Zeiten", in denen ein gelernter Beruf das Einkommen bis zum Rentenalter garantierte. Flexibilität und Knowhow sind heute wichtiger denn je. Diese Eigenschaften findet niemand in der Komfortzone. Wachstum und damit Weiterentwicklung findet in ihr nicht statt. Man muss heraus aus der Komfortzone, hinein in die Wachstumszone. Nur hier findet Entwicklung statt. Eine Entwicklung, die am Ende den Erfolg beschert. Natürlich nicht ohne Risiko. Doch, mit Verlaub, was ist schon ohne Risiko? Selbst dieses Leben ist gefährlich und endet immer tödlich. Also genießen wir die Zeit bis dahin. Wir haben nur dieses eine Leben. Wenn nicht jetzt, wann wollen Sie die herrlichen Möglichkeiten, die sich mit jedem Tag neu ergeben, nutzen?

Eine schwierige Frage, vor allen Dingen für die, die ihre Komfortzone noch nie verlassen haben. In dieser Zone haben es sich viele so richtig schön gemütlich gemacht. Ihr Tagesablauf gleicht einem Ritual. Das gibt ihnen Sicherheit. Wenn nun die Welt aus den Fugen gerät, und die Finanzkrise hat gezeigt, wie schnell genau das passieren kann, dann wird das Verharren in der Komfortzone zu einem Problem. Mit einem Schlag ist sie plötzlich vorbei, die viel gepriesene Sicherheit. Und genau damit sind die Betroffenen überfordert. Sie, die jahrelang einem festen Ritual folgten, sehen sich plötzlich einer Entwicklung gegenüber, die sie mit ihren fünf Sinnen nicht wirklich erfassen können. Wie Ertrinkende greifen sie nach dem sprichwörtlichen Strohhalm, um zu retten, was nicht mehr zu retten ist.

Angesichts solcher Entwicklungen verwundert nicht, dass immer mehr Menschen psychisch erkranken. Nach Angaben der KKH-Allianz-Krankenkasse stieg z. B. in 2012 die Zahl der Versicherten, die aufgrund von Depressionen oder eines Burnouts ins Krankenhaus mussten, um 18,3 Prozent. Experten gehen sogar davon aus, dass psychische Erkrankungen bis 2030 neben Herz-Kreislauf-Erkrankungen die häufigsten Krankheitsursachen sein werden[44]. Seit 1999 sind die Fehltage aufgrund psychischer Erkrankungen um 80 Prozent gestiegen. 2010 war fast jeder zehnte Fehltag darauf zurückzuführen. Das ergab eine Analyse der Krankmeldungen von mehr als zehn Millionen berufstätigen AOK-Versicherten[45]. Eine bittere Entwicklung, der man keineswegs hilflos ausgeliefert ist.

„Krankheiten befallen uns nicht wie aus heiterem Himmel, sondern entwickeln sich aus täglichen Sünden gegen die Natur. Wenn diese sich gehäuft haben, brechen sie scheinbar auf einmal hervor..."

Eine Feststellung, die fast 2.500 Jahre alt ist. Sie stammt vom bekanntesten Arzt der Antike, Hippokrates (460-370 v. Chr.). Damals wie heute ist klar, dass wir die Geschicke dieser Welt genauso wenig ändern können wie unser Schicksal. Wir können aber zwei Dinge ganz bestimmt tun:

1. immer unser Bestes geben und
2. das Unvermeidliche akzeptieren

Dadurch kommen wir in ein Gefühl der Gelassenheit, so wie der chinesische Bauer in der folgenden Anekdote. In einem chinesischen Dorf lebte ein von der Gemeinschaft geachteter Bauer, der nicht vermögend war, aber mehr besaß als manch ein anderer im Dorf. Er besaß ein Pferd, mit dem er pflügte und Lasten beförderte. Eines Tages rannte sein Pferd davon. Seine Nachbarn riefen, wie schrecklich das sei, aber der Bauer meinte nur: „Wer weiß, wozu das gut ist". Ein paar Tage später kehrte das Pferd zurück und brachte zwei Wildpferde mit. Nun freuten sich die Nachbarn über sein Glück, doch der Bauer sagte nur: „Wer weiß, wozu das gut ist". Am nächsten Tag versuchte der Sohn des Bauern, eines der Wildpferde zu reiten, doch er hatte wenig Glück. Das Pferd warf ihn ab und er brach sich sein Bein. Die Nachbarn übermittelten ihm ihr Mitgefühl für dieses Unglück, aber der Bauer sagte wieder: „Wer weiß, wozu das gut ist". In der nächsten Woche kamen Rekrutierungsoffiziere ins Dorf, um die jungen Männer zur Armee zu holen. Den Sohn des Bauern wollten sie nicht, weil sein Bein gebrochen war. Als die Nachbarn ihm sagten, was für ein Glück er habe, antwortete der Bauer: „Wer weiß, wozu das gut ist".

Haben Sie in der Vergangenheit Veränderungen von ruhiger Hand vorbereitet oder eher aus dem Bauch heraus, quasi als ad-hoc-Entscheidung, weil Sie sich von den Umständen haben leiten lassen? Es spielt keine Rolle, in welchen Bereichen Veränderungen durchgeführt werden müssen. Ob im privaten, im beruflichen Bereich oder am Arbeitsplatz, überall braucht es Harmonie zwischen Anspannung und Entspannung. Wer versucht, Dinge „gewaltsam", also bei voller

Konzentration und mit Kräften zu bewegen, dem ist der Erfolg ungewiss. In jedem Fall aber zeigt sich der körperliche Erfolg in Form von Atemlosigkeit und Erschöpfung bis hin zur Ermüdung. Der Grund für dieses kräftezehrende Verhalten liegt häufig im Unbewussten verborgen, in Form überholter Redensarten, die verinnerlicht wurden: *„Ohne Fleiß kein Preis"; „Vor den Erfolg haben die Götter den Schweiß gesetzt"; „Es gibt kein leicht verdientes Geld", etc. pp.* Wer mit diesen Überzeugungen durchs Leben geht und damit Probleme lösen will, macht es sich unnötig schwer.

Das Schöne am Menschsein ist natürlich nicht nur seine Fähigkeit zu lernen. Dadurch ist er in der Lage, neue Eindrücke zu gewinnen sowie altes Wissen gegen neues auszutauschen. Was wir gelernt haben, können wir auch wieder verlernen, wenn es unserem Erfolg im Weg steht. Die Lücke der Unwissenheit können wir durch aktives Lernen füllen. So weichen alte Glaubenssätze neuen. Destruktive Erinnerungen werden durch positive ersetzt. Solche harmonischen Veränderungen lassen sich immer dann erzielen, wenn wir in einer Art „vertrauensvoller Grundspannung" agieren.

Wer etwas erreichen will, fokussiert sich oft auf die Widerstände und Hindernisse. Er schaut auf das Problem und nicht auf die Lösung, so wie die Arbeiter einer Werft (siehe weiter vorne). Statt nach Lösungen zu suchen, wie eine mögliche Krise überwunden werden kann, zieht sich ein Teil von ihnen zurück in die Komfortzone, um seinen Besitz zu schützen. Eine menschlich nachvollziehbare Reaktion, doch Besitz besitzt! Wer sich stur an alles klammert, kann alles verlieren. Flexibilität ist das Gebot der Stunde, ansonsten kann einen das Schicksal der Eiche aus der folgenden Anekdote ereilen.
Am Ufer eines Teiches stand eine wuchtige und stolze Eiche. Sie trotzte jedem Wetter und beugte sich keinem Sturm. In ihrer Nähe wuchs ein Schilfrohr, das schwach und zerbrechlich wirkte. Bei jedem Windstoß schwankte es hin und her. Die Eiche hatte Mitleid mit dem Schilfrohr. Immer wieder sagte sie zu ihm: „Wenn du näher bei meinem starken Stamm gewachsen wärst, hätte ich dich besser beschützen können." Das kleine Schilfrohr bedankte sich für die Freundlichkeit, meinte jedoch, dass ihm schon nichts geschehen

werde. Es antwortete: „Wenn ein gewaltiger Sturm kommt, dann beuge ich mich und lasse ihn über mich hinwegbrausen. Ich werde deshalb nicht brechen." Die starke Eiche verstand das Schilfrohr nicht. Sie würde sich niemals beugen. Sie war davon überzeugt, jedem Sturm trotzig und kraftvoll Widerstand leisten zu können. Eines Nachts passierte es dann. Ein gewaltiger Orkan fegte über das Land. Die Eiche blieb standhaft und wollte sich nicht unterwerfen. Das Schilfrohr aber presste sich gegen den Boden und ließ den Orkan über sich hinwegfegen. Als sich der Orkan legte, richtete sich das Schilfrohr auf und schaute sich um. Erschrocken sah es, dass die Eiche am Boden lag, die Wurzeln aus dem Boden gerissen, die Blätter weggefegt und die Zweige und Äste zerbrochen waren. Das kleine Schilfrohr dagegen stand aufrecht und erwartete den Morgen.

Wer auf das Problem schaut und nicht auf die Lösung, erzeugt eine Überspannung, mit der die Betroffenen nun mit Gewalt versuchen, zum Ziel zu kommen. Diese Überspannung aber kostet sie nicht nur viel Kraft, sondern ist zudem auch noch sinnlos, weil wirkungslos. Leben ist weniger Kampf, sondern eher eine Frage gelebter Verhaltensweisen. Vom Begründer der japanischen Kampfsportart Aikido, Morihei Ueshiba (1883-1969), stammen interessante Gedanken zu den Kämpfen im Allgemeinen und damit auch zu denen, die jeder im normalen Alltag und nicht in der Kampfschule durchzufechten hat. In Sachen Zielerreichung lernen wir von ihm:

> *„Wer im Leben ein Ziel hat, wird gegen gegnerische Kräfte kämpfen müssen. Um diese Kräfte unschädlich zu machen, muss man lernen, sie für sich arbeiten zu lassen."*

Es geht nicht darum, gewaltsam auf die Kräfte, die dem Ziel entgegenstehen, „einzuprügeln", sondern sie für sich arbeiten zu lassen. Im anderen Fall erzeugt Druck Gegendruck. Hier wird man sich dann noch mehr anstrengen müssen, und das hat Folgen für die Psyche. Wer sieht, dass er nicht wirklich vorankommt, wird in eine Art negative Gedankenspirale abrutschen. Statt aufbauender, positiver, lebensbejahender Gedanken folgen Selbstzweifel, Versagensängste und schwindendes Interesse, das Ziel doch noch erreichen zu wollen.

Belohnt werden wir aber nur, wenn wir durchhalten und nicht vorzeitig aufgeben. Oft sind es nur kleine Nuancen, die es zu ändern gilt, um aus einer destruktiven Situation in eine lebensbejahende zu gelangen.

Menschen, die sich in die Unterspannung begeben, haben fast keinen eigenen Willen mehr bzw. geben ihren Willen auf. Sie stellen ihre Bedürfnisse zurück, um sich Menschen und Situationen anzupassen. „Brav" sein und nur nicht auffallen, das ist ihre Devise. Weil das so bequem ist, merken sie nicht, dass sie von ihrer Umwelt beliebig manipulierbar sind. Ihr Unwohlsein und ihre Unzufriedenheit, die sich durch die jahrelange „Unterdrückung" zwangsläufig einstellen, führen die Betroffenen natürlich nicht auf diese unterdrückende Lebenssituation zurück. Für sie ist es Schicksal. Dass sie dieses Schicksal selbst in ihrer Hand halten, erkennen sie nicht. Sie fühlen sich als Opfer und nicht als Schöpfer. Ein Opfer weist jede Schuld von sich und sucht im „Außen" nach Gründen für sein Leben. Ein Schöpfer übernimmt für sich und sein Handeln selbst die Verantwortung. Er schaut nach innen, weil er weiß, dass Menschen von »innen« nach »außen« leben und nie umgekehrt. Nur wer innerlich von dem überzeugt ist, was er im Außen erleben will, wird es erreichen.

In der asiatischen Kampfkunst übt ein Meister den Umgang mit Hindernissen, indem er seine Energie nicht gegen etwas richtet, sondern dem Fluss folgt. Weder die Über- noch die Unterspannung ist dabei hilfreich, sondern ein Handeln aus der eigenen Mitte mit einer vertrauensvollen Grundspannung. Es ist wichtig, mit seiner Aufmerksamkeit nicht beim Widerstand oder Gegner zu sein, sondern bei sich. Denn: In der Ruhe liegt die Kraft. Diese Ruhe braucht als Partner Vertrauen. Um Veränderungen zu bewerkstelligen, ist es von großem Nutzen, ins Vertrauen zu gehen, die eigene Mitte zu finden und dann erst eine Handlung entstehen zu lassen.

Dazu schrieb Morihei Ueshiba:

> *„Die Kraft eines Menschen liegt nicht in seinem Mut, anzugreifen, sondern in seiner Fähigkeit, Angriffen zu widerstehen. Daher sollten wir uns durch Meditation und Exerzitien vorbereiten und immer genau wissen, was wir wollen, damit wir unseren Weg unbeirrt fortsetzen können, auch wenn uns scheinbar alle von unserem Ziel abzubringen versuchen. "*

Mögen die Umstände auch noch so schwierig sein, bleiben Sie ehrlich. Stehen Sie zu Ihren Erfolgen und Niederlagen. Kein Mensch kommt ohne Niederlagen aus. Das Gegenteil ist der Fall. Nicht die Erfolge treiben uns nach vorne, sondern die Niederlagen. Sie zwingen zum Nachdenken, warum dieses oder jenes falsch gelaufen ist. Erst durch dieses Nachdenken kommt es zu den gewünschten Veränderungen. Dazu der Aikido-Begründer :

> *„Dem Sieg geht die Niederlage voraus. Der Schlüssel zum Sieg liegt darin, verlieren zu können und trotzdem nicht aufzugeben. "*

Vertrauen ist die Basis von wirksamen Veränderungen. Damit Sie Ihre Ziele und Ihre Ziele Sie erreichen können, braucht es nur vier Stationen:

1. Sie müssen sie wahrnehmen.

2. Sie müssen sie wollen.

3. Sie müssen daran glauben.

4. Sie müssen loslassen können.

Die Wahrnehmung ist die Basis von allem. Durch Wahrnehmung wird mir etwas bewusst, bzw. ich werde bewusst. Ein Kind nimmt zum ersten Mal in seinem Leben eine heiße Herdplatte wahr. Es hat keine Vorstellung von dem, was heiß bedeutet. Trotz Ermahnung fasst es darauf. Jetzt ist ihm bewusst, was „heiß" bedeutet. Leider ein schmerzvoller Prozess.

Lassen wir es nicht so schmerzvoll angehen und schauen uns eine fast alltägliche Situation an. Ein pubertierender Jugendlicher hatte bislang keine Augen für das andere Geschlecht. Nun nimmt er es wahr, das Mädchen seiner Träume. Er beginnt sich zu verändern. Er duscht täglich, kauft sich neue Kleidung, geht aufrechter, achtet auf seine Sprache und auf seine Handlungen. Augenscheinlich nur, um ihr zu gefallen. Tatsächlich aber vollzieht sich eine Bewusstseinsveränderung. Er nimmt vielleicht zum ersten Mal wahr, dass er ein „ganzer Kerl" ist. Damit das so bleibt, nimmt er allerlei Mühen auf sich. Geht vielleicht ins Fitnessstudio, um seinen Körper zu „formen", achtet auf seine Ernährung und schwört Alkohol und Zigaretten ab. Zudem tastet er sich vorsichtig an seine große Liebe heran. Er will sie erobern. Das Wissen dazu fehlt ihm. Er liest Bücher, Zeitschriften und befragt Freunde. Von der Theorie zur Praxis. Es kommt der Tag, an dem er das „Wissen" in Sachen Eroberung anwenden muss. Er wird es tun, weil er sonst nie das Herz seiner „Flamme" erreicht.

Vom Wissen zum Wollen zum Können. Dabei kommt es entscheidend darauf an, mit welchen Gedanken er sich dieser Aufgabe stellt. Je positiver und überzeugter er voranschreitet, desto eher erreicht er sein Ziel. Was nicht heißt, dass es in seinem Sinne ist. Das Mädchen kann ihm einen „Korb" geben oder aber ihn in ihre Arme schließen. So oder so hat er sein Ziel erreicht, nämlich mit ihr in Kontakt zu kommen. Auch wenn die Handlung den Erfolg bestimmt, so braucht es zunächst die Entscheidung, Erfolg haben zu wollen. Erfolg ist wie eine Perlenkette. Nicht die einzelne Perle gestaltet sie, sondern alle Perlen zusammen. Womit es am Ende auf jede einzelne Perle ankommt. Zwischen Wahrnehmung und Erfolg liegen also viele kleine „Perlen", ohne die es nicht geht.

So wie ein altes Sprichwort sagt:

„Wer in die Höhe bauen will, muss lange am Fundament verweilen",

so braucht auch der Erfolg ein „starkes" Fundament.

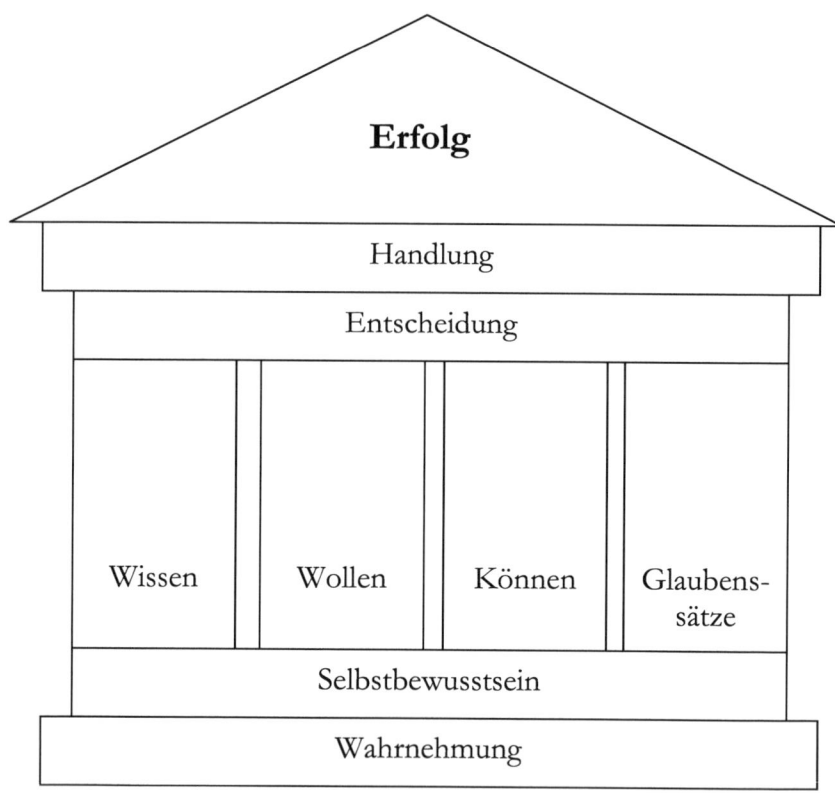

Beziehungsmanagement

„Yin und Yang" der chinesischen Philosophie dürften allen ein Begriff sein. Das Prinzip von Yin und Yang beschreibt eine Beziehung zwischen zwei Elementen, die jeweils aus einem Ursprung entspringen. Die beiden Worte für sich genommen haben ihre eigene Bedeutung: Yang bedeutet eigentlich *„Banner, die in der Sonne wehen."*, und Yin heißt so viel wie *„wolkig"*. Zwei Kräfte also, wie sie unterschiedlicher nicht sein können. Sie sind nicht direkt wahrnehmbar, aber doch immer unter uns, womit sie direkten Einfluss auf unser Leben haben können. Sofern wir uns darauf einlassen. Wohin wir auch schauen, überall finden sich Yin und Yang, auch oder gerade in der Natur. Nehmen wir z.B. die Sonne. Sie kommt von oben, vom Himmel, ist warm, hell und strahlt Licht und Energie ab. Doch nur mit Hilfe von Wasser und Luft können die Sonnenstrahlen überleben. Das Yang der Sonnenstrahlen benötigt also Yin-Elemente, um wirksam zu werden. Sonne und Wasser müssen in einem ausgewogenen Verhältnis zueinander stehen. Trotz ihrer Verschiedenheit sind sie gemeinsam stark. Ausgeglichenheit und Harmonie zwischen diesen beiden verschiedenen Kräften sind in der chinesischen Philosophie der zentrale Punkt. Hier bestätigt sich, dass alles miteinander verbunden ist. Ich sehe diese Verbundenheit in einer geometrischen Figur.

Dinge stehen in Verbindung:

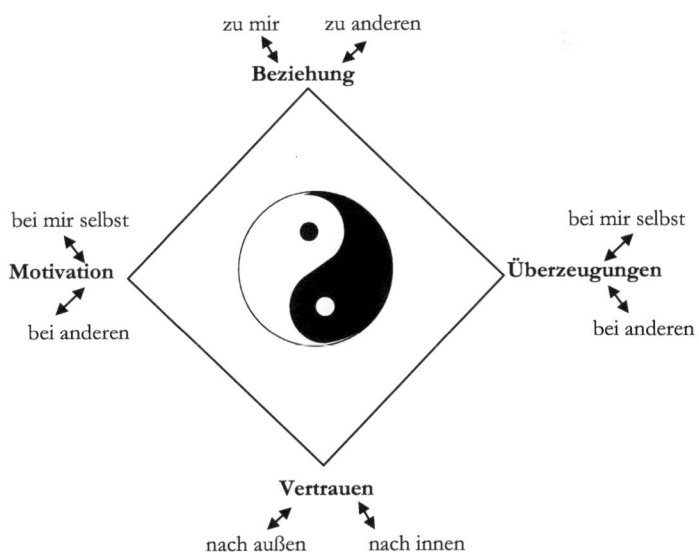

Ein Eckpunkt ist das Beziehungsmanagement. Es steht für die gemeinsame Arbeit im Team oder mit Mitarbeitern. Dabei ist das Verhältnis untereinander genauso wichtig wie der Bezug zu sich selbst: „Wenn ich mit mir nicht im Reinen bin, also mit mir in einer Beziehungskrise stecke, werde ich nur schwer einen erfolgreichen Umgang mit anderen haben können." Eine gute Beziehung zu sich selbst ist der Motor für die eigene Überzeugungskraft. Wer überzeugen will, braucht einen Zeugen. Im besten Fall sich selbst. Ein Verkäufer z. B., der nicht zu dem steht, was er verkauft, kann nie überzeugen, weil die innere Einstellung diametral zu dem steht, was verkauft werden soll.

Ihr Denken hat immer etwas mit Ihrem Selbstwertgefühl zu tun. In dem Augenblick, in dem Sie davon überzeugt sind, dass Sie es wert sind, zum Beispiel sehr viel Geld zu besitzen, werden Sie es auch erhalten. Je klarer Ihre Vorstellung, desto mehr Geld werden Sie bekommen. Menschen mit einem zu geringen Selbstbewusstsein können sich nicht vorstellen, jemals reich zu werden bzw. zu sein. Sie arbeiten oft nur zu Tariflöhnen, übersehen die Botschaften des Lebens und verpassen eine gute Chance nach der anderen. Und bleiben arm – worüber sie sich dann noch ernsthaft wundern!

Die Abweichung zwischen eigener Überzeugung und der Überzeugung anderer kann man beispielsweise sehr gut bei den verschiedenen Casting-Shows im Fernsehen sehen. Aus meiner Sicht leiden diese Menschen an einer nicht selten vorkommenden Form des Realitätsverlustes. Sie stellen sich einem Millionenpublikum buchstäblich zur Schau, weil sie felsenfest davon überzeugt sind, das Talent zum Superstar zu haben! Doch schon nach dem ersten Ton oder der ersten Bewegung wissen die Zuschauer, dass sie es hier mit Dilettanten zu tun haben, die an Selbstüberschätzung leiden. Mit gesundem Menschenverstand betrachtet, fragt sich der Zuschauer, warum sie sich das antun? Nur um ins Fernsehen zu kommen? Das glaube ich nicht. Die Häme und der Spott, die ihnen von der Jury entgegen geschleudert werden, würden mich wochenlang vor Scham in den Erdboden versinken lassen. Ich bin mir sicher, dass diese Menschen nur aus einem einfachen Grund dorthin gehen: Sie glauben, dass sie

Talent haben. Mit Sicherheit haben sie auch Talent, aber eben nicht zum Superstar.

Es braucht also mehr als nur den festen Willen. Letztlich ist es immer das „gewisse Etwas", das den Ausschlag gibt. Die Frage ist also, was können Sie besser als andere? Das und genau das macht den Unterschied. Dieser kleine Unterschied in Gesprächen herausgestellt, wird die positive Entscheidung bringen. Deshalb gilt bis heute das Orakel von Delphi:

„Erkenne dich selbst!"

Was nicht immer einfach ist. Daran sollte man sich Unterstützung von außen holen, und nun wissen Sie, warum ich, Denys Scharnweber, nicht nur diesen Beitrag geschrieben habe, sondern auch Seminare in Europa abhalte.

 www.nrs-training.de

Quellenverzeichnis

[1] http://www.focus.de/intern/archiv/psychologie-entscheidung-in-sekunden_aid_204590.html
[2] Focus, Nr.9, 24.02.1997; Kommunikation Ziemlich unehrlich
[3] http://www.beckman.uiuc.edu/news/2012/10/dolcoshandshake
[4] Psychologie heute; Ausgabe 12/2000
[5] http://www.psych-sci.manchester.ac.uk/staff/GeoffBeattie
[6] Bild 1: Enver Hoxha (1908-1985), kommunistischer Diktator Albaniens. Unterdrückte brutal jede Opposition
(Quelle: http://upload.wikimedia.org/wikipedia/commons/3/33/HOD%C5%BDA_druh%C3%A1_m%C3%ADza.jpg?uselang=de)
Bild 2: Florence Nightingale (1820-1910), engl. Krankenpflegerin. Reformierte die militärische und zivile Krankenpflege;
(Quelle: http://commons.wikimedia.org/wiki/File:Florence_Nightingale_headshot.png?uselang=de)
Bild 3: Al Capone; US-Gangster und Mafiaboss;
(Quelle: http://commons.wikimedia.org/wiki/File:AlCaponemugshotCPD-2.jpg?uselang=de)
Bild 4: Baron Pierre de Coubertin, Frz. Pädagoge, Wiederbegründer der olympischen Spiele
(Quelle: http://commons.wikimedia.org/wiki/File:Baron_Pierre_de_Coubertin.jpg?uselang=de)
[7] http://www.zeit.de/2004/39/N-Experimente/seite-5
[8] Die Zeit 47/2007; Das stärkste der Gefühle
[9] Buch „Social Psychology" (englische Ausgabe) von Smith, D. M. Mackie: Social Psychology. Press, 2. Auflage 2000, ISBN 0-86377-587-X; S. 94 ff.
[10] http://www.spiegel.de/wirtschaft/soziales/klinikaufenthalte-zahl-der-depressionskranken-steigt-dramatisch-a-776666.html
[11] http://www.innovations-report.de/html/berichte/veranstaltungen/bericht-91769.html
[12] www.boxen.com/themen/aktuelles/topthema.php?pageid=573; Interview vom 23.01.06 (Zugriff: 10.07.08)
[13] http://www.wissenschaft.de/wissenschaft/news/316399.html
[14] http://www.humboldt-foundation.de/web/kosmos-titelthema-97-3.html
[15] Berliner Rede des Bundespräsidenten im Hotel Adlon am 26.4.97
[16] http://www.wiwo.de/erfolg/beruf/weiterbildung-mitarbeiter-opfern-ihre-freizeit/6373882.html
[17] http://www.wiwo.de/erfolg/beruf/weiterbildung-mitarbeiter-opfern-ihre-freizeit/6373882.html
[18] http://www.test.de/Karriere-2012-Weiterbilden-weiterkommen-4288244-4288249/
[19] http://www.wiwo.de/erfolg/beruf/weiterbildung-mitarbeiter-opfern-ihre-freizeit/6373882.html
[20] TV Hören und Sehen 10/08; So arbeitet ein aktives Gehirn
[21] Die Zeit 47/2007; Das stärkste der Gefühle
[22] Psychologie heute; Juli 2008;
[23] Franz Hohler, „Der Verkäufer und der Elch", ISBN: 978-3362001250
[24] http://www.fondsprofessionell.de/redsys/searchText.php?offset=&beginDate=2010-05&endDate=2010-08&sort=dDo&kat=&sws=Wilenius,&sid=159405
[25] http://www.spox.com/de/sport/fussball/dfb-team/0903/Artikel/pressekonferenz-dfb-team-3003-lahm-mertesacker-live-ticker.html
[26] Versicherungsmagazin 7/2010 (Seite 52)
[27] Welt-Online 18.02.2010
[28] Karrierewelt; Leadership; 30.04.2012; Seite 4; Wo Manager Jobs finden
[29] http://www.sueddeutsche.de/karriere/innere-kuendigung-statisten-am-schreibtisch-1.375928
[30] Stern 40/2012; „Hilfe, mein Chef spinnt"; S. 62;
[31] http://www.uni-siegen.de/smi/downloads/abstract_tagung_giessen.pdf
[32] Spektrum der Wissenschaft; Nr. 7-8/2010; Gehirn & Geist; Beruf und Berufung; S. 25.
[33] Wirtschafswoche 26/2008, Seite 156
[34] www.zitate.de/kategorie/Mitarbeiter
[35] www.zitate.de/kategorie/Mitarbeiter
[36] Das Parlament; 2.1.2007; Vom kreativen und spirituellen Umgang mit Geld
[37] NWZ; Nr. 298; Seite 37; Grüne gehen Vorwürfen auf Grund
[38] Focus-Money; 28/2011; Seite 14; Die Riesenchance
[39] http://www.die-akademie.de/servlet/servlet.FileDownload?file=0152000000102Cq
[40] http://daserste.ndr.de/guentherjauch/rueckblick/digitaledemenz103.html
[41] PM; Perspektive, Seite 31
[42] PM; Perspektive, Seite 31
[43] http://www.springer.com/about+springer/media/springer+select?SGWID=1-11001-6-1398543-0
[44] http://www.aerzteblatt.de/nachrichten/50812/Zahl-der-Depressionen-und-Burn-out-Faelle-steigt
[45] http://www.zeit.de/karriere/2011-04/burn-out-erkrankungen